KB038042

아이의 마음도
모르면서
사랑한다고만
말했다

아이의 마음도 모르면서
사랑한다고만 말했다

이지연 지음

초판 1쇄 발행일 2022년 5월 25일

펴낸이 이숙진 펴낸곳 (주)크레용하우스 출판등록 제5-80호

주소 서울 광진구 천호대로 709-9 전화 (02)3436-1711 팩스 (02)3436-1410

홈페이지 www.crayonhouse.co.kr 이메일 crayon@crayonhouse.co.kr

▪ 빚은책들은 재미와 가치가 공존하는 ㈜크레용하우스의 도서 브랜드입니다.

ISBN 978-89-5547-930-0 04590

아이의 마음도 모르면서 사랑한다고만 말했다

이지연 지음

빚은
책들

마음에 관심을 갖길 권함

때로 부모는 아이가 외계 생명체이거나 자신과는 다른 종이라고 느끼는 듯하다. 분명히 부모들은 진심으로 아이를 궁금해하고 아이의 마음을 이해하고 도우려는 선한 의도와 의지를 갖고 있는 사람들이다. 그러나 세상에서 가장 어려운 일이 아이 키우기라는 말이 있을 정도로 아이와 좋은 관계를 맺고 잘 지내는 일은 어렵다. 그래서 부모들은 조금이라도 도움이 될 것 같은 사람을 만나면 묻는다. 강의 도중 쉬는 시간이나 끝난 후 사람들은 조용히 나에게 다가온다. 그리고 묻는다.

"우리 애는 왜 그럴까요? 아이의 맘을 도통 모르겠어요. 내가 어떻게 해야 할까요?"

그러면 나는 되묻는다.

"본인의 마음은 알고 있나요? 아이에게 보여 주고 싶은 마음이 무엇인가요?”

대부분의 부모들은 당황한다. 그리고 “그야, 내가 얼마나 사랑하는지를 보여 주고 싶죠”라고 얼버무린다.

우리 모두 알고 있다시피 현실과 이상 사이에는 넓고 깊은 틈이 있다. 부모가 아이에게 보여 주고 싶은 것은 사랑과 신뢰이겠지만, 실제로 일상에서 보여 주는 마음은 분노, 두려움, 슬픔, 편견, 고정관념일 때가 많다. 우리 모두는 장점과 단점을 모두 갖고 있는 평범한 사람이다. 부모가 되었다고 해서 갑자기 슈퍼맨이 되거나 테레사 수녀가 될 수는 없다. 그럼에도 부모들은 아이에게 좋은 면만 보이고 아이를 꽃길만 걷게 하겠다는 비현실적인 노력을 한다. 안타깝게도 이런 애처로운 노력은 실패로 끝날 가능성이 높다. 우리의 많은 실패는 실제로 능력이 없어서가 아니라 너무 높은 기대 때문이다. 따라서 나는 부모들이 현실적인 목표를 세우고 스스로 자존감을 지키며 역할을 수행할 수 있도록 도와주고 싶다.

부모가 되고 아이들을 보살피는 일은 세상의 어떤 일보다 길고 고단하다. 양육은 그 결과를 보장할 수 없는 투자라고 한다. 반복되는 실패와 좌절에도 불굴의 의지를 가지고 끊임없이 새로운 기대와 희망을 스스로 만들면서 나아가는 사람들이 부모다. 물론 부모만 힘든 것은 아니다. 아이들도 자기만의 삶의 무게를 지고 있다. 어른이 보기에는 별것 아닌 것처럼 보이는 아이의 고민은 때로 생명을 빼앗을 만큼 힘들다. 지금 생각하면 별것도 아닌데 그때는 서로 죽일 듯이 싸웠거나 좌절했던 일을 쉽게 떠올릴 수 있을 것이다. 그처럼 어른도 아이도 매순간 치열하게 살아간다. 이런 힘든 투쟁을 해야 하는 삶에서 어른과 아이 모두에게 가장 필요한 것은 서로의 마음을 이해하고 격려하는 것이다.

실제로 사람들이 말하는 행복의 핵심은 다른 사람과의 관계였다. 따라서 서로의 마음을 주고받는 관계일수록 행복감이 더 높은 것은 당연하다. 우리가 주목해야 할 것은 관계를 맺고 있는 사람 모두가 행복해야 한다는 점이다. 부모와 아이 모두 행복해야 하고, 부모와 아이 모두 자신의 마음을 이해받고 싶어 한다. 이런 바람을 실현하려면 우리는 자신과 다른 사람의 마음을 읽고 표현할 수 있어야 한다. 다행스럽게도 우리는 마음을 읽는 능력을 타고났을 뿐 아니라 연습과 훈련으로 향상시킬 수 있다. 바로 마음이론 능력이다.

우리의 마음이론은 단순하다. '사람의 행동은 생각이나 감정과 같은 마음에서 나온다.' 조금 더 자세히 말하면, 바람, 믿음과 의도 같은 '생각'들과 기쁨이나 슬픔, 두려움과 같은 '감정'들로 행동을 설명한다. 우리는 언제나 사람에 대해 알고 싶어 했고 알아야 했다. 마음이론 능력은 오랜 진화의 결과물이고 그 흔적이 우리 뇌에 남아 있다. 우리 뇌에는 사람의 마음을 읽는 영역이 배정돼 있다. 다행히 지금도 잘 작동하고 있다. 아주 어릴 때부터 사람들의 마음을 읽을 수 있는 이유다. 그러니 마음이론 능력을 따로 힘겹게 배울 필요도 없을 것이다. 만일 어떤 이유에서 능력을 잃었더라도 다른 이론을 배우는 것보다 쉬울 것이다. 이것이 부모의 마음 말하기 능력을 높이는 수단으로 마음이론을 선택한 이유다.

"이건 정말 사용하기 쉽고 간단하지요!"라는 말에 현혹돼 상품을 샀다가 실제로는 그리 간단하지 않다는 것을 알고 좌절한 경험이 있을 것이다. 세상에 쉬운 일이 없다! 그럼에도 지금 우리는 많은 것을 눈감고도 할 수 있는 수준에 이르렀다. 얼마나 어렵게 배웠는지 잊고 지금 할 수 있다는 데에만 초점을 맞춘다.

우리는 그렇게 힘겨운 노력으로 얻은 많은 능력을 '본성'이라며 마치 아무 노력 없이 얻은 것처럼 여긴다. 그러나 우리가 갖고 있는 능력들 중 쉽게 얻은 것은 없다. 심지어 언어처럼 갖고 태어난 능력도 갈고 닦지 않으면 무용지물이 된다. 우리 모두는 수많은 문제를 어떻게든 해결하는 유능한 학습자다. 그럼에도 우리는 새롭고 낯선 것을 시작할 때마다 망설이게 된다. 노자는 말했다. "가고 가고 가는 중에 알게 되고, 행하고 행하고 행하는 중에 깨닫게 된다." 너무 생각하지 말고 그냥 일단 해 보는 것이다. 특별한 글재주가 없음에도 불구하고 이 책을 쓸 수 있었던 것도 일단 해 보자는 생각 때문이었다. 내 마음을 전하는 것도 다른 사람의 마음을 읽는 것도 쉬운 일이 아니다. 처음에는 헤맬 수 있지만 결국 알게 되고 깨닫게 될 것이다.

이 책을 쓴 목적은 단순하다. 부모가 마음에 관심을 갖게 하는 것이다. 아이의 마음뿐 아니라 자신의 마음에 관심을 갖는 것이다. 자신이 부모일 뿐 아니라 생각하고 느끼고 행동하는 사람임을 깨닫는 계기가 되었으면 하는 바람이다. 이 책에 양육뿐 아니라 다양한 사례가 나오는 이유이기도 하다. 다양한 상황에서 마음의 작용을 보면 부모의 마음 이해 능력은 더 강해지고 부모가 해결할 수 있는 문제의 범위도 더 넓어질 것이다. 가능하면 양육과 관련된 사례나 연구를 소개하려 했지만, 일상에서 일어나는 다양한 사건을 모두 담을 수는 없었다. 이때 책이 가진 한계를 넘을 수 있게 만드는 것은 부모의 보편적인 마음읽기 능력이다. 아이가 아니라 부모에게 관심을 갖는 이유다. 부디 이 책이 부모의 짐을 조금이라도 덜고 아이들과 잘 지낼 수 있게 하는 데 작은 도움이 되길 바란다.

차례

6. 마음 능력을 키우는 방법

전하고 싶은 마음,
전달받고 싶은 마음

아이가 학교에서 친구의 물건을 훔쳤다는 담임선생님의 전화를 받았다. 무슨 일이냐고 물었지만, 아이는 아무 말도 하지 않는다. 훔치지 않았다거나 혹은 잘못했다거나 아니면 그저 갖고 싶었다는 말도 하지 않고 가만히 앉아 있다. 도대체 이 아이는 무슨 생각을 하고 있을까? 지금 이 아이는 혼이 날까 봐 무서운 건가 아니면 내가 자기를 의심해서 슬픈 걸까 아니면 화가 난 것일까? 나는 그저 답답할 뿐이다.

어린 아이 둘이 싸우고 있다. 한 아이가 다른 아이를 때렸다. 맞은 아이가 "하나도 안 아파"라며 맞선다. 그러자 때린 아이는 씩씩 거리며 노려본다. 분명히 아픈 것 같은데, 왜 아프지 않다고 말하는 것일까? 그리고 이제 상대 아이는 어떻게 할까? 이번에는 더 세게 때릴 것인가? 아니면 돌아서서 갈 것인가? 맞은 아이는 허세를 부리는 걸까? 때린 아이는 이런 허세를 알고 있을까? 맞은 아이는 상대가 원하는 것을 주지 않겠다는 의지에서 그렇게 말한 것인가? 두 아이는 잘 아는 사이일까?

우리는 마음을 그대로 드러내기도 하고 다른 것으로 숨기기도 한다. 어떤 아이는 침묵으로 자신의 마음을 드러내고 어떤 아이는 허세를 부림으로써 자신의 마음을 숨긴다. 이 아이들의 마음은 부모와 친구에게 전달되었을까?

진화심리학자인 로빈 던바는 인간의 뇌가 커진 이유가 '다른 사람과 어울려 살기 위해서'라고 말했다. 뇌는 우리 몸의 2퍼센트에 불과하지만 20퍼센트의 산소를 소비하는 아주 비싼 기관이다. 그렇게 작은 기관이 놀랄 정도로 많은 에너지를 소비하게끔 진화한 이유가 '다른 사람'에게 있다는 것이다. 한 사람이 관계를 안정적으로 유지할 수 있는 사회의 크기는 대략 150명 정도라고 한다. 이렇게 하나의 집단을 이룬 사람들은 다른 사람들과 협력하고 친구 관계를 맺을 뿐 아니라 서로를 속이고 이용하기도 한다. 따라서 집단의 크기가 커질수록 점점 더 다른 사람의 마음을 읽기가 복잡하고 어려워진다.

다른 사람들이 나에게 얼마나 중요한지는 우리 대화 내용 중 60퍼센트 이상이 다른 사람들과 관련된 사회 주제라는 사실에서 알 수 있다. 세상에 다른 사람 이야기만큼 재미있는 것이 없다고 한다. 어렸을 때는 친구에 대해 이야기하고 나이가 들면 가족에 대해 말한다. 대개 우리가 보거나 들은 그들의 행동에 대해 말한 후 그 이유를 찾는다. 우리는 그들의 생각과 감정에 대해 온갖 추측을 한다. 왜 아이는 그런 행동을 할까? 도대체 이 아이는 무슨 생각을 하는 걸까? 왜 화를 내는 걸까? 이 과정에서 우리의 믿음은 확고해진다. '모든 행동에는 이유가 있다. 즉 행동 밑에는 마음이 깔려 있다.' 인간의 역사는 함께 모여 누군가의 마음을 추측하고 상상하고 설명하는 데 많은 시간을 투자한 결과일지도 모른다. 무엇보다 다른 사람들의 행동과 마음에 대해 말하는 과정에서 우리 자신의 마음도 이해하게된다. '나도 그런 상황에서 그런 행동을 했었는데, 이것이 이유였군.' 이런 이해는 다음번에 다른 사람의 마음을 설명하는 데 이용된다. "나도 너랑 비슷한 경험을 했는데"라고 말할 수 있게 된다. 이렇게 우리는 다른 사람의 마음으로 자신의 마음을 이해하고, 자신의 마음으로 다른 사람의 마음을 이해할 수 있게 된다.

마음, 가지고 있지만 모르는 것

최대의
관심사

　우리는 마음을 말한다. 마음이 흔들린다. 마음이 움직인다. 마음이 편안하다. 마음속에 품고 있던 생각. 마음을 다스리다. 마음 같지 않다. 마음을 모르겠다. 마음을 전하다. 마음이 왔다 갔다 한다. 마음이 기울다……. 인터넷에 들어가서 '마음'이란 단어를 검색하면 검색결과가 약 2억4400만 개나 나온다. 노래나 영화제목, 정치 기사, 책 제목, 상담소나 병원 이름, 공공기관이나 TV 프로그램, 개인 블로그의 글 등 우리 생활 전반에 퍼져 있다. 알든 모르든 우리는 매일 마음이란 말을 보고 듣는다. 우리 모두 마음을 말하지만 누구도 자신의 마음을 정확하게 알지 못하는 듯하다.

　사람들은 '내 마음이 어떤지 알고 싶어서' 혹은 '다른 사람의 마음이 궁금해서' 심리학책을 읽는다. 심리학은 대학에서 인기 있는 강좌이기도 하다. 분명히 '마음'은 우리의 최대 관심사다. 그런데 도대체 마음이란 무엇인가? 마음을 알 방법이 있을까? 어떻게 하면 내 마음을 사람들에게 잘 보여줄 수 있을까?

마음을
알고 싶다

마음이란 단어를 모르는 사람은 없을 것이다. 사전을 찾아보면, 마음이란 '감정이나 생각, 기억 따위가 깃들거나 생겨나는 곳'이라고 한다. '마음속에 근심이 있다'고 하는 것을 보면, 마음은 어떤 장소를 말하는 것 같기도 하다.

그렇다면 마음은 어디에 있을까? 마음은 하나일까? 아니면 여러 개일까? 마음은 어디에서 왔을까? 우리는 왜 마음을 갖게 됐을까? 이런 생각을 하면 할수록 점점 더 복잡해지고 정말 '마음'을 모르겠다! 마음이 무엇인지도 모르면서 어떻게 마음을 전할 수 있을까?

"내 마음대로 되지 않아"라고 말할 때의 마음은 의지나 의도와 비슷하다. "마음이 아파"라고 할 때의 마음은 감정과 비슷하다. "네 마음대로 해"라고 할 때의 마음은 욕구나 바람과 비슷하다. 마음은 때로는 의지이고, 때로는 의도이고, 때로는 감정이고, 때로는 욕구이고, 때로는 믿음이다. 마음은 우리 내면의 모든 것을 총칭하는 말처럼 보인다. 하지만 마음의 정체를 밝히기에는 이것만으로 충분하지 않다. 마음은 예쁘기도 하고, 때로 기울어지고, 흔들리는 때도 있다. 어쩌면 마음은 그저 '우리를 움직이는 우리 안에 있는 어떤 것' 정도의 정의를 내리는 데 만족해야 할지도 모른다. 하지만 낙담할 필요는 없다. 다행스럽게도 우리는 호랑이 담배 피우던 시절 훨씬 전부터 어느 정도 마음의 정체를 알고 있었다. 우리는 항상 무엇인가를 설명하고 싶어 했고, 마음에 대한 탐색도 멈추지 않았다.

마음을
말하고 싶다

사람들은 세상에서 일어나는 일들을 이해하고, 설명하고 싶어 한다. 물리적 현상이나 사회적 현상을 설명하는 수많은 이론이 계속해서 나오고 있는 이유다. 그중에서 심리학 이론들은 (자기를 포함한) 인간을 설명하고 예측하고 통제하고 싶은 바람에서 나온 것이다. 이런 설명 욕구는 특정한 전문가만이 아니라 우리 모두에게 있고, 어떻게든 자신만의 설명 이론을 만들어 낸다. 낯선 사람을 만나 관계를 맺으며 살아가야 하는 우리에게 다른 사람을 설명하고 예측하는 능력은 선택이 아닌 필수다.

'암묵적 성격이론'도 그런 이론 중 하나다. 이것은 개인이 만들어 낸 성격이론으로 아주 적은 정보로 상대의 인상을 형성하고 설명하는 틀이다. 예를 들면 신체적 특성, 혈액형, 별자리, 옷차림 등으로 상대의 성격을 설명한다.

우리에게 '낯설다'는 것은 '위험하다'는 의미다. 가능한 한 빨리 상대가 어떤 행동을 할 것인지 예측하고 그에 따라 내가 어떻게 반응할지를 결정해야 한다. 그래서 사람들은 성격에 대한 주관적인 믿음에 근거해서 나름대로 이론을 만든다. '혈액형으로 성격을 알 수 있다.' '옷차림을 보면 그 사람의 성격을 알 수 있다.' 이런 믿음을 가진 사람은 낯선 사람을 만나면 혈액형을 물어본다. 과학적으로 혈액형과 성격 간에 상관이 없다거나 혹은 이것이 편견을 만들 수 있다는 비판이 있음에도 우리는 여전히 혈액형에 근거한 이론을 이용해 다른 사람을 설명하고 있다. 최근 혈액형을 대신할 수 있는 설명 이론이 등장했다. 바로 MBTI다. 이것은 대중적인 인지도를 얻기 전부터 상담하는 사람 사이에서는 인기 있는 이론이었다. 이제 사람들은 모이면 당연한 듯이 "너의 MBTI는 뭐야?"라고 묻는다. 사람들이 MBTI에 빠지는 이유 중 하나는 수십억 명의 사람을 16가지로 묶을 수 있다는 간편성 때문이다. 이렇게 하면 세상은 우리가 설명할 수 있을 정도로 간단하고 쉬워진다. 가능하면 쉬운 길을 택하는 우리의 성향과 설명 욕구를 MBTI가 만족시킨다. 이것도 혈액형과 같은 위험이 있지만, 오랫동안 많은 경험 자료가 축적되고 검증돼 온 이론이라는 점에서 혈액형보다는 나은 선택인 듯하다.

행동을 보면
마음을 알 수 있다

혈액형이나 MBTI를 의심하는 사람에게 희소식이 있다. 많이 알려지는 않았지만, 우리에게는 사람의 마음을 읽는 능력이 장착돼 있다는 것이다. 그 핵심은 '인간의 행동은 마음에서 나온다'는 강력하고 보편적인 믿음이다. 우리는 모든 행동에는 의미가 있다고 여기고, 그 의미를 찾으려고 한다. 무엇인가를 바라거나, 믿거나, 의도하거나, 감정을 느끼기 때문에 행동한다고 여긴다. 이렇게 행동의 이유를 마음으로 설명하는 방식을 '마음이론'이라고 한다.

우리 모두는 마음이론을 갖고 있다. 아이도 마음이론을 갖고 있으며, 생리학적 기제가 있다는 것이 확인됐다. 네 살 정도면 마음으로 행동을 설명하거나 예측할 수 있고, 측두-두정엽 경계 영역(temporo-parietal junction)이 활성화되었는지와 이 영역과 대뇌피질 운동령이 기능적으로 연결돼 있는지가 마음이론 능력과 관련 있다는 것이 과학적으로 증명되었다. 이런 두 가지 사실을 근거로 어떤 심리학자는 마음이론이 생존에 필요해서 진화된 능력이라고 주장한다. 다시 말해, 우리가 살아남으려면 다른 사람과 잘 지내야 하고, 잘 지내려면 다른 사람의 마음을 읽어야 한다는 것이다. 마음이론은 생존 장치인 셈이다.

마음을 알고
싶다면?

우리는 사람의 행동을 설명하고 예측할 때 '바람, 믿음, 의도 그리고 감정'이라는 마음에 초점을 맞춘다. 우리는 다른 사람이 원하는 것, 믿고 있는 것, 의도하는 것을 알고 싶어 한다. 이것들이 행동을 가장 잘 설명하기 때문이다. 이것들과 함께 중요하게 여기는 또다른 마음 상태는 감정이다. 감정은 어떤 행동을 할 가능성을 높인다. 만일 우리가 다른 사람의 이런 마음들을 알 수 있다면 그 사람이 어떻게 행동할지 예측할 수 있기 때문에 대처할 시간을 벌 수 있다. 우리는 끊임없이 다른 사람의 행동에서 바람과 믿음, 의도, 감정을 찾아내려고 노력한다. 이때 가장 기본적인 단서로 사용하는 것이 바로 '보는' 행동이다.

여기서 한 아이(민서)의 마음을 따라가 보자.

민서는 다른 아이(현성)가 바나나를 쳐다보는 것을 본다. 이때 현성이 민서를 본다. 민서는 생각한다. '현성이 있는 곳에서는 바나나 옆에 있는 그릇이 보이지 않아. 날 경쟁자로 여길지도 몰라.' 이제 민서는 현성의 표정을 살핀다. 만일 현성이 화난 상태라면 자신을 공격할지도 모르기 때문이다. 민서는 현성에게 자신은 바나나 옆에 있는 그릇을 원한다는 것을 알려 주어야 한다고 생각한다.

지금 민서는 현성의 마음을 읽었다! 다른 사람의 바람(바나나를 원한다), 믿음(나를 경쟁자라고 믿는다), 의도(바나나를 차지하려고 나를 공격할 것이다), 감정(아이는 화가 났다)을 읽었다.

마음을 보여 주면
사이가 좋아질까?

우리는 단순히 다른 사람의 마음을 이해하고 싶어서 마음을 읽지는 않는다. 나 자신이 적절한 행동을 하려고 읽는다. 이제 당신이 바나나 상황에 있다고 생각해 보라. 그 상황에서 다른 사람의 마음을 읽었기 때문에 나는 쳐다보는 것을 멈추고 다른 곳으로 갈 수도 있고, 그릇을 원한다고 말할 수도 있다. 혹은 당황했거나 무섭다는 표정이나 몸짓으로 감정을 드러냄으로써 상대에게 공격할 의도가 없음을 알려 줄 수도 있다. 어쩌면 둘 다 서로를 오해한 것일 수도 있다. 상대는 당신을 경쟁자로 여기지 않았을 수도 있다. 당신은 상대의 마음을 잘못 읽고 오해한 것이다.

이때 두 사람이 평화롭게 지낼 가장 좋은 방법은 서로 자신의 마음을 보여 주는 것이다. 당신이 알고 싶은 상대의 마음이 바람, 믿음, 의도, 감성이라면, 상대도 마찬가지다. 따라서 딩신이 보여 주어야 하는 마음은 바로 당신의 바람, 믿음, 의도, 그리고 감정이다. 상대방은 당신이 바나나를 원하는지, 당신이 상대를 경쟁자로 믿는지, 바나나를 차지하고자 싸울 것인지 알고 싶어 한다. 또한 당신이 지금 화가 났는지, 무서운지, 슬픈지, 기쁜지 알고 싶어 한다. 화가 났다면 공격할 것이고 무섭다면 도망칠 것이기 때문이다. 간단히 말하면 모든 소통의 기본은 상대가 알고 싶어 하는 정보를 제공하는 것이다. 그것이 마음이라면 상대가 알고 싶어 하는 마음을 보여 주어야 한다.

다툼을 멈추는
능력

할 수 있다는 것과 한다는 것은 다르다. 우리에게 마음을 읽는 능력이 있다고 해서 항상 이 능력을 사용하는 것은 아니다. 우리는 종종 다른 사람의 마음을 읽지 못해 오해하고 갈등하며 때로 다툼으로 이어진다. 우리는 아주 어렸을 때부터(어떤 사람은 18개월 정도라고 주장하지만, 대개는 네 살 정도) 마음으로 행동을 설명할 수 있었고, 이 이론을 이용해 다른 사람의 마음을 읽을 수 있었다. 그럼에도 불구하고 나이 든 청소년도, 심지어 어른도 자주 다른 사람의 마음을 제대로 읽지 못한다. 그 이유는 단순하다. 할 수 있지만 하지 않기 때문이다. 일부러 사용하지 않는 것은 아니다. 그저 게으르기 때문이다.

다행스럽게도 지금 우리가 할 일은 다시 사용하기로 결심하는 것뿐이다. '우리는 멋진 마음 읽기 장치를 이미 갖고 있으며, 굳이 새로 구입하겠다고 뭔가 지불하지 않아도 된다.' 우리는 그저 먼지를 뒤집어쓰고 구석에 처박혀 있던 장치를 꺼내기만 하면 된다. 조금만 손을 보면 충분히 잘 작동할 것이다. 마음을 읽거나 표현하는 능력이 부족하다고 느끼는 사람에게 희소식이다. 물론 약간 훈련이 필요하다. 그래서 이제 우리는 '마음이론'을 꺼내 사용법을 알아볼 것이다. 누구보다 이 마음 읽기 능력이 절실히 필요한 사람은 부모들이다. 부모자녀 관계는 태어나서 처음 맺는 관계이며 모든 인간관계의 기초다. 무엇보다 부모는 아이와 잘 지내고 싶어 한다. 이 바람이 마음을 읽고 표현하는 훈련을 할 충분한 동기가 될 것이다.

부모와 아이가
마음을 나누는 방법

부모와 아이의 일상은 서로의 마음을 읽고 자신의 마음을 보여 주는 순간들로 가득 차 있다. 아이와 함께 박물관에 간 부모를 상상해 보라. 부모는 아이에게 새로운 경험을 하게 해 주겠다고 피곤한 주말에 박물관에 왔다. 왜냐하면 좋은 부모란 자신의 편안함을 추구하기보다 아이의 미래를 위해 헌신하는 사람이라고 '믿기' 때문이다. 그런데 아이는 박물관의 전시물에는 관심이 없고, 복도에 놓여 있는 평범한 의자에 관심을 보인다. 부모는 계속해서 "이리 와, 이것 봐, 신기하지"라고 말한다. 아이는 잠깐 쳐다보는 듯하더니 이번에는 "와, 와, 와" 하고 떠들면서 천정을 보고 걷는다. 부모는 또 다시 아이를 부른다. "이리와, 이걸 봐야지." 아이는 결국 다시 불려오지만,

이번에도 슬쩍 보더니 "목말라, 밖에 나가"라고 조른다. "너 왜 그래, 참아야지!"라고 말하는 부모의 표정과 말투에 짜증이 묻어 있다. 왜 부모는 짜증이 났을까?

짜증은 '화'의 일종이다. 화는 자신의 목표를 방해받았을 때 일어나는 감정이다. 아이는 부모의 어떤 목표를 방해했을까? 아이는 일부러 부모의 목표를 방해하려고 했을까? 부모가 "너 때문에 정말 화가 나. 다시는 오지 않을 거야"라고 말하는 것은 정당한가? 아이는 처음에 박물관에 가려고 계획했을 때 부모가 가졌던 바람이나 기대를 모른다. 그리고 부모도 아이의 바람과 기대를 모른다. 우리 모두 예상하듯이, 해결책은 단순하다. 서로의 바람, 더 나아가 믿음에 대한 대화를 나누는 것이다. 박물관에 가는 것은 단순히 새로운 지식을 얻는 일이 아니라 부모와 아이가 마음을 나누는 일이다.

말을 잘하면
마음이 전해질까?

사람들은 말을 잘 못해서 마음이 제대로 전달되지 않았다고 믿는다. 하지만 말을 잘하는 게 마음을 잘 표현하는 건 아니다. 물론 말을 잘하는 것은 사회적으로 유용한 능력이다. 예전에는 정치인, 방송인, 변호사, 강연자, 개그맨 등과 같은 특정 직업의 사람에게 필요한 능력이었다면 요즘은 개인방송이 대세가 될 만큼 점점 더 많은 사람들에게 필요한 능력이 되고 있다. 그렇다면 '도대체 말을 잘한다는 것은 어떤 의미인가?' 이 질문에 대한 대답이 금방 생각나지 않는다면 우선 '말 잘하는 사람'을 떠올려 보자. 주변 사람도 좋고 TV에 자주 나오는 유명 강사나 정치인, 종교인도 좋다. 이 중 한 사람을 선택해서 그 사람을 가능한 한 생생하게 묘사해 보라.

'이 사람의 목소리는 높지도 낮지도 않아서 듣기에 편하다. 발음도 분명하고 또렷해서 한마디 한마디가 귀에 쏙쏙 꽂히는 것 같다. 말의 내용에 따라 얼마나 다양한 표정과 몸짓을 보여 주는지 마치 연극을 보는 것 같다. 하지만 과하지 않다. 이 사람은 같은 말을 하는 적이 없는 것 같다. 어떨 때는 아이도 알아들을 정도의 쉬운 단어를 사용하고 어떨 때는 전문적인 용어를 사용한다. 무엇보다 중간중간 사용하는 유머와 생생한 예들은 정말 재미있다. 게다가 말의 속도가 빨랐다가 느려지고 높았다가 낮아지니까 마치 노래하는 것처럼 들린다. 지루할 틈이 없다. 막힘이 없고 확신에 찬 태도 때문에 이 사람이 하는 말은 의미 있고 중요하게 느껴진다. 하찮은 말도 중요한 것처럼 들리게 만드는 힘이 있다.'

이런 사람을 보면, '와 정말 말을 잘한다!'라고 부러워하고 감탄하지만, '난 저렇게 못 해'라는 좌절감이 동시에 들기도 한다. 말하기를 전문 직업으로 삼으려는 것이 아니라면 굳이 그 정도로 잘할 필요는 없을 것이다. 말 잘하는 사람을 무조건 흉내 내다가는 속빈 강정처럼 내용 없이 말만 번드르르하게 하는 표면적인 기술만 배우게 될수도 있다. 더 나쁜 일은 진심을 의심받을 수 있다는 점이다. 실제로 말하기 기술을 능숙하게 사용하지만, '마음'을 움직이지 못하는 사람들이 있다. 소위 '말만 잘하는' 사람들이다. 왜 이들은 마음을 움직이지 못하는가? 아마도 이들의 말에는 진짜 마음이 담겨 있지 않기 때문일 것이다. 마음은 마음으로만 움직인다. 그런데 이들의 말에는 전달될 마음이 없으니 다른 마음을 움직이지 못한다.

우리는 지금
아이와 이야기하고 싶다

다른 사람의 마음을 움직이려는 사람 중에는 사기꾼이 있다. 이런 사람은 다른 사람의 마음을 자기의 목적에 맞게 움직인다. 이들도 자기의 마음을 전달한 것일까? 어쩌면 사기를 치는 동안 잠깐 자기 마음 중 일부를 보여 주었을 수 있지만, 대개 다른 사람의 마음을 읽기만 한다. 사기꾼들은 '마음'처럼 보이는 것을 주면 사람들이 자신의 마음을 준다는 것을 알고 있다. 이들은 마음을 주는 척하며 상대를 속이는 전문 기술자다. 분명히 어떤 사람은 마음을 읽는 기술을 나쁜 방식으로 사용하고 있다. 《뒤통수 심리학》의 저자이자 심리학자 마리아 코니코바는 사기꾼들이 사람들의 마음을 어떻게 조종하는지 설명한다. 사기 범죄를 살펴보면 사기꾼들은 우리의 마음을 움직이려고 많은 덫과 장치를 놓는다. 다행스러운 점은 이런 사람은 소수라는 것이다. 대다수는 일부러 나쁜 의도를 갖고 상대의 마음을 조종하려 하지 않는다. 무엇보다 대다수는 나쁜 의도가 없다는 믿음이 있어야 다른 사람과 어울려 함께 살아갈 수 있다. 그리고 실제로 낯선 사람들로 이루어진 사회에 사는 사람은 상대가 좋은 사람일 것이라는 믿음과 기대를 갖고 있다는 연구 결과도 있다.

그러니 사기꾼이나 거짓말쟁이가 두려워 마음을 숨기기보다 제대로 표현하는 연습을 하는 편이 나을 것이다.

마음을 움직이는 말을 하려면 마음을 담아야 한다. 어떻게 마음을 담을지보다 어떤 마음을 담을지가 중요하다. 우리는 이미 사람들이 궁금해하는 말이 무엇인지 알고 있다.

아이 역시 마찬가지다. 우리의 바람과 믿음과 의도와 감정을 담은 말이 필요하다. 이 말들이 아이(와 우리)를 움직이는 이유는 '마음은 누군가를, 혹은 무엇인가를 향해 있기 때문'인 듯하다. "너의 마음은 누굴 향해 있니?"라는 질문에 답해 보자. 누군가를 향해 서 있는 자신의 모습을 상상하면, '그렇구나. 내 마음은 아이를 향해 있구나!'라는 것이 분명해진다. 만일 아이의 마음이 향한 곳을 알면, 우리도 그곳을 볼 수 있다. 그러면 우리가 보는 곳으로 마음이 움직이고, 아이와 같은 마음이 될 것이다. 그렇게 아이의 마음을 이해하게 된다. 만일 마음을 보고 싶다면, "너의 마음은 어디를 향해 있니?"라는 질문만큼 마음을 잘 보여 주는 것은 없다.

아이와
대화할 수 있다

그러나 우리는 마음을 말하는 데에 익숙하지 않다. 요즘에 주식 초보자를 '주린이', 요리 초보자를 '요린이'라는 말로 부르듯이, 마음 능력이 부족한 사람을 '마린이'라고 부를 수도 있을 것이다. 우리는 다른 사람의 마음을 읽는 데에도 미숙하고, 더구나 멋있고 현란한 비유와 새롭고 특이한 단어로 마음을 꾸밀 능력도 없다. 대신 마음 능력을 키우면 이런 마음 읽기 초보자들, 특히 부모가 자신과 아이의 마음을 읽고 솔직하면서도 단순하게 마음을 표현할 수 있다는 자신감을 얻게 된다. 이 자신감은 마음을 알려는 자세에서 나온다.

이제 바람, 믿음, 의도 그리고 감정에 주목함으로써 마음 능력 키우기를 시작하자.

내 마음을 알아야 하는 이유

우리는 기계의 마음마저
알고 싶어 한다

지금 내 눈앞에 밥솥이 있다. 흰색 몸통에 노란색 뚜껑이 달렸다. 취사와 보온만 할 수 있는 아주 단순한 밥솥이다. 그저 뚜껑을 열고 씻어서 적당히 불린 쌀과 물을 넣고 뚜껑을 닫은 후 취사 버튼을 누르면 끝이다. 그러면 취사 버튼에 불이 켜지고, 얼마 후 '슈~' 하는 소리와 함께 하얀 김이 올라온다. 밥통은 이제 곧 밥이 될 것이라는 신호를 보내고 있다. 나는 이 소리에 맞춰 저녁 반찬을 준비한다. 곧 '딸깍' 소리를 내며 취사에서 보온으로 불빛이 옮겨간다. 잠깐 기다렸다가 뚜껑을 열면 뜨거운 김이 한꺼번에 올라온다. 따끔거리는 열기를 참으며 주걱으로 밥을 위아래로 뒤섞는다. 나는 작은 밥솥이 보내는 신호를 정확하게 해석하고, 신호에 맞춰 내 행동을 결정한다. 나는 왜 밥솥이 '슈' 혹은 '딸깍' 소리를 내는지, 왜 불빛이 켜지고 꺼지는지 이해한다. '밥이 다 되었어요!'라고 밥솥이 말하면, 난 '그래 알았어, 곧 저어줄게'라고 대답하는 것이다. 나는 밥솥의 행동 신호를 보고 마음을 읽는다.

내 밥솥과 달리 어떤 밥솥은 말을 한다. "지금 밥을 시작합니다." "맛있는 밥이 완성되었습니다." 이제 더는 밥솥이 보내는 신호를 읽으려고 노력할 필요가 없다. 밥솥뿐 아니라 점점 더 많은 기계가 말을 하기 시작했다. 기계들이 어떤 행동을 했을 때, 그것의 의도를 알기 쉬워졌다. 아직 밥통은 자신의 상태만 이야기하지만, 더 지나면 내가 해야 할 행동도 말해 줄 것이다. "잠시 후, 밥을 저어 주세요!" 그리고 내가 지시에 따라 밥을 저으면, "위아래가 섞이도록 저어야 합니다"라고 행동을 교정하려 들거나 "잘 하셨습니다!"라고 칭찬해 줄지도 모를 일이다. 기계의 마음, 즉 기계의 의도를 읽는 일이 점점 쉬워지고 있다. 미래에는 더 많은 기계가 자신의 마음을 말해 줄 것이고, 기계치들도 더는 기계를 무서워하지 않게 될 것이다.

노련한 보호자는
반려견의 마음을 읽는다

선선한 바람이 부는 저녁 무렵에 반려견과 산책을 나간다. 주인의 발걸음에 맞춰 걷는 반려견은 머리를 높이 쳐들고 입을 약간 벌린

채 혀를 밖으로 내밀고 있다. 귀는 좌우를 향해 쫑긋 서 있다. 꼬리는 편안하게 늘어져 바닥을 향해 있다. 가끔 길가의 이름 없는 풀들에 머리를 숙이고 킁킁거린다. 지금 반려견은 어떤 마음 상태일까? 아마 아주 편안하고 상당히 만족한 듯하다. 마치 "바깥 공기를 마시니 기분이 좋아요!"라고 말하는 듯하다.

그렇게 길가의 풀과 나무 냄새를 맡으며 느긋하게 걷던 반려견의 행동이 서서히 변한다. 눈은 커지고 입은 앙다물어져 있다. 양옆을 향했던 귀가 앞쪽으로 향한다. 꼬리도 몸과 수평으로 올라온 상태에서 좌우로 살짝 움직인다. 몸은 약간 앞으로 기울어진 듯하다. 이 행동은 무슨 의미일까? 약간 긴장하고 경계하고 있다. 뭔가 흥미로운 것이나 잘 알지 못하는 것을 발견한 모양이다. "어? 저건 뭐지? 처음 보는 건데. 긴장할 필요가 있어"라고 말하는 듯하다.

함께 산책하는 보호자는 반려견의 마음을 읽어야 한다. 편안한 반려견이 느긋하게 산책하도록 천천히 걸을 것인지, 긴장한 반려견이 낯선 대상을 탐색할 시간을 잠깐 줄 것인지 결정해야 한다. 만일 낯선 대상이 흥미로운 것이라면 상관없지만 위협적인 것이라면 보호자는 사전에 준비해야 한다. 그래서 노련한 보호자는 반려견의 행동에 주의를 기울이지만, 초보 보호자는 반려견의 언어를 읽지 못하거나 너무 늦게 알아차린다.

초보 부모는 아이의 마음을
읽기 어렵다

우리는 말할 수 있지만 마음이 없는 것(밥솥)과 말하지 못하지만 마음은 있는 것(반려견)의 마음을 추측하려 애쓴다. 그렇다면 아기의 마음은 어떨까?

어느 늦은 밤 아기가 갑자기 자지러지게 운다. 아기의 부모는 어쩔 줄 모르고 아기를 안는다. "왜? 아파? 배고파? 불편해?" 우유를 주어도 먹지 않고 기저귀를 갈아 주어도 운다. 아기의 몸을 이리저리 살펴보지만 열도 없고 특별한 것이 보이지 않는다. 아기는 계속 운다. '말을 하면 얼마나 좋을까?' 계속 아기를 안고 집 안을 서성이며 이리저리 걸어 본다. 차차 울음이 잦아든다. 도대체 아기는 왜 운 것일까? 이제 좋아진 것일까? 아니면 지쳐서 더는 울지 않는 것일까?

초보 부모도 차차 아기의 울음을 어느 정도 구분할 수 있게 된다. 실제로 엄마들은 아기의 울음소리를 상당히 정확하게 해석한다는 연구 결과가 있다. 다양한 아기의 울음소리를 녹음해서 아기가 있는 여성과 아기가 없는 여성에게 들려 주었을 때, 아기가 있는 여성이 훨씬 더 정확하게 아기의 울음소리를 구분했다. 엄마는 고통을 알리는 울음, 배고픔을 알리는 울음, 기저귀나 옷이 불편하다는 울음, 그리고 졸려서 칭얼거리는 울음을 구분할 수 있었다.

울음보다 더 정확하게 아기의 마음을 보여 주는 것은 표정이다.

어린 아기도 기쁨과 슬픔, 분노 및 두려움을 느끼고 각각 감정에 따라 다른 표정을 짓는다. 많은 부모가 아기의 표정을 읽고 마음 상태를 해석한다. 아기는 배우지 않아도 화난 표정을 지을 수 있고, 부모는 아기의 표정을 보고 화가 났다는 것을 알 수 있다. 다윈이 '감정은 진화의 결과물'이라고 주장한 근거이기도 하다. 어쨌든 표정으로 아기의 마음을 어느 정도 읽을 수 있는 점은 다행이지만, 표정은 무엇 때문에 화가 났는지 알려 주지 않는다. 이유를 찾는 책임은 온전히 부모의 몫으로 남아 있다.

내 마음은 잘 알고 있는지 질문해 보기

우리는 모든 것의 행동 속에 숨어 있는 의도를 추측하고 그에 맞게 반응한다. 우리는 어떤 행동이든 그 속에 '마음'이 들어 있다고 믿는다. 당연히 자신의 행동에도 마음이 들어 있다고 생각한다. 그리고 다른 사람의 마음보다 자신의 마음을 아는 것이 더 쉽다고 믿는 듯하다. 낭연해 보이는 이 믿음은 때때로 흔들리고 결국 이렇게 고백하고 만다. '내 마음을 나도 모르겠어!'

자신의 마음을 몰라 답답한 사람들은 '내 마음'을 알 만한 사람을 찾아 나선다. 친구에게 묻기도 하고 의사에게 묻기도 하고 심지어는 기계에 묻는다. 실제로 어떤 영국 사람은 자신이 어떤 사람을 좋아하는 건지 아니면 사랑하는 건지를 알고 싶어 기계장치 속에 머리를 넣고 뇌 사진을 찍었다. 그리고 "이곳이 빨갛게 변한 것을 보니 당신은 사랑에 빠졌군요!"라는 대답을 얻었다. 뇌과학 연구에 따르면 사랑하는 사람의 사진을 볼 때와 친구의 사진을 볼 때 뇌에서 활성화되는 부분이 다르다. 기계에 자신의 마음을 묻는 사람은 멍청이일까 아니면 현실주의자일까?

다행스럽게도 우리는 대체로 자신의 마음을 잘 알고 있다. 그렇지 않다면, "어떤 것을 원하세요?", "뭘 하고 싶은가요?", "이것을 좋아하나요?", "무슨 일로 오셨나요?"와 같은 일상적인 물음에 대답하지 못할 것이다. 우리는 일상에서 내가 좋아하는 것, 내가 원하는 것, 내가 믿는 것, 내가 결정한 것, 내가 계획한 것을 말할 수 있다.

"난 쉬고 싶어. 집에 있으면 쉴 수 없어. 그래서 난 여행을 떠날 계획이야. 여행을 생각하는 것만으로도 기분이 좋아져."

사람들은 특별한 노력 없이 자신의 마음을 안다. 마치 아이가 말을 배우듯 자연스럽게 마음을 배운 듯하다. 그러나 말도 마음도 점점 복잡해지고 어느 순간부터 타고난 능력만으로는 충분치 않아진다. 그래서 사람들은 나름대로 마음을 이해하는 전략을 개발하고 있다.

아이와 대화하기 전에
내 마음부터

우리는 마음에 문제가 생겼다고 느끼기 전까지는 자신의 마음을 알려는 노력을 게을리한다. '내 마음은 내가 제일 잘 안다'는 믿음 때문에 스스로 질문하고 답을 찾을 기회를 만들지 않는다. '안다는 착각'이 '내 마음'을 이해하는 데 큰 방해물이 된다.

우리는 화가 난 아이에게 "마음에 들지 않아? 다른 것을 하고 싶어?"라고 묻기도 하고 "괜찮아!"라고 위로의 말을 하지만, 자신에게는 '당황했지, 괜찮아?'라고 묻지 않는다. 예를 들어 휴대폰을 계속 보겠다고 고집을 부리는 아이가 있다고 상상해 보라. "그만해"라는 말을 반복하는 동안, 점점 화가 난다. 이때 자신에게 '난 왜 화가 나지? 누구에게 화가 난 거지?'라고 물어본 적이 있는가? 아이가 규칙을 어겼기 때문에 혹은 휴대폰을 보는 것은 아이의 건강에 나쁘기 때문에 화가 났다고 생각한다. 나는 옳지 못한 일에 대해 정당하게 화를 내는 것이고 화를 유발한 쪽은 아이다. 그러나 어쩌면 다른 이유가 있을 수 있다. '내가 몇 번이나 말했는데, 또! 내 말이 우스워?' 부모는 무시당했다고 생각하기 때문에 화가 난 것이다.

우리는 행동의 진짜 이유를 생각하지 않고 행동을 합리화한다. 아이에게 "너 왜 이렇게 고집을 부려. 그만두지 못해!"라고 소리를 지른 다음에야 적당한 이유를 생각해 내기도 한다. 이런 행동은 '나는 좋은 부모이고 좋은 부모는 아이의 잘못을 고쳐 준다'라는 '믿음'을 지키려다 나오는 것이다. 아이에게 규칙 준수를 가르치려는 목적이었다면 다르게 반응했을 것이다.

"넌 규칙을 위반하고 있어. 규칙을 위반하면 따르는 결과가 있는 것 알고 있지? 난 우리의 약속대로 할 거야."

부모가 자기 마음을 모르면
피해 보는 건 아이뿐

부모가 자신이 화가 났다는 것을 알아채지 못하거나 화가 난 이유를 알지 못한 채, 좋은 엄마와 너그러운 아빠 역할을 하려 하면 억울한 피해자가 생긴다. 대개 피해자는 아이다. 우리 모두 알다시피 마음에서 행동이 나온다. 화가 난 부모의 목소리는 당황스러울 정도로 심하게 떨리고 딱딱하다. '왜 이런 이상한 목소리가 나오는 거야?' 하고 놀라고 당황한 부모는 점점 더 감정적으로 변하지만, 좋은 부모가 되려는 의도로 자신의 진짜 마음을 숨기고, 좋은 부모가 해야 할 일을 한다. 어쩌면 부모는 놀라고 당황해서 지금은 결정할 수 없는 마음 상태라는 것을 인식하지 못한 채, 아이가 부당하다고 느낄 만한 처벌을 할 수도 있다. 좋은 의도였지만, 부모와 아이 모두 진짜 마음을 볼 기회를 잃었다.

노력하지 않으면
내 마음도 안 보인다

때로 우리는 '내 마음'보다 '남의 마음'을 더 잘 아는 듯하다. 강의가 시작되는 첫날이면 수강생들에게 묻는다. "왜 이 강좌(발달심리학)를 신청했어요?" 부모나 교사는 대개 자신의 아이 혹은 자신이 가르치고 있는 아이의 마음을 이해하고 싶어서라고 대답한다. 그리고 현재 얼마나 아이를 이해하는지 정도를 물으면, 어느 정도 혹은 상당히 잘 이해하는 편이라고 대답한다. 그걸 어떻게 아는지 물으면, 아이의 얼굴 표정이나 행동을 보면 알 수 있다고 한다. 그들은 그저 아는 것에 그치지 않고 아이가 마음을 인식하고 조절하도록 돕는다고 말한다. 예를 들면 "슬프구나!"라고 말하고, 아이를 안아 주거나 말로 위로한 다음, 이유를 묻는다고 한다.

이쯤 되면 나는 새로운 질문으로 관점을 바꾼다. "그렇다면 그때 당신은 어떤 감정을 느끼고 있었어요? 만일 아이가 고집을 부리며 지시를 따르지 않거나 갑자기 울음을 터트린다면 그 감정을 얼마나 강하게 경험하죠? 화가 났나요? 불안했어요? 당황했나요? 특별한 감정을 느끼지 않았나요?"

아이에 대해서는 자신 있게 대답했던 사람들이 이 질문에는 즉각적으로 답하지 못한다. 한참 후에 "글쎄요. 별로 생각해 보지 않았어요" 혹은 "제 감정에 대해서는 잘 모르겠어요"라고 말한다. 왜 이런 일이 일어나는 것일까? 한 가지 이유는 우리가 보고 있는 대상의 차이 때문이다. 우리는 다른 누군가의 표정과 행동을 보지만, 자신의 표정과 행동을 볼 수 없다. 어느 날 아이를 달래던 중 우연히 거울이나 창문에 비친 자기의 모습에서 짜증과 우울함을 발견하고 깜짝 놀라는 이유이기도 하다. 자신의 마음이든 누구의 마음이든 보려고 노력하지 않으면 볼 수 없다!

다른 사람의 마음을 알아야 내 행동 계획을 세울 수 있다

왜 우리는 마음을 읽으려고 하는가? 간단히 말하면 살기 위해서다. 우리는 다른 사람들과 어울려 살아야 하고, 따라서 다른 사람의 행동을 설명하고 예측해야 한다. 왜 저 사람이 숲을 향해 뛰어가는지, 왜 저 사람은 나를 저렇게 쳐다보는지, 왜 저 사람은 나를 보고 웃는지, 왜 저 사람은 나와 옆에 있는 자전거를 번갈아 보는지 등을 알아야 한다. 단순히 그 사람의 행동을 보는 것만으로는 충분하지 않다. 행동의 이유를 알아야 다음 행동을 예측할 수 있고, 무엇보다 내가 어떻게 행동할지 결정할 수 있다. 사람의 행동을 유발하는 그 무엇, 즉 마음을 알아야 한다.

저 사람이 원하는 것은 무엇인가? 저 사람이 계획하는 것은 무엇인가? 우리는 항상 이 물음에 대한 답을 찾는다. 답은 우리가 보고 들은 경험에 있다. '저 사람은 내 자전거를 원한다. 내가 자기보다 작기 때문에 빼앗을 수 있다고 믿을 것이다. 내가 한눈팔기를 기다렸다가 가져갈 계획을 세웠을 것이다. 지금 당장 자전거를 타고 가야겠다.' 이런 식으로 생각한다. 물론 다른 사람의 마음을 오해했을 수도 있지만, 그냥 가만히 있다가 자전거를 잃는 편보다는 창피를 당하는 게 더 낫다고 여긴다. 더구나 그 생각이 오해였는지 확인할 방법은 없다. 그렇게 스스로 만들어 낸 믿음은 점점 강해진다. 어쨌든 다른 사람이 나에게 도움이 될 사람인지 나를 해칠 사람인지 구분하는 능력은 생존에 꼭 필요한 능력이다.

내 마음을 알아야
내가 어떻게 행동할지 알 수 있다

다른 사람의 마음을 아는 것이 생존에 필수라면 자신의 마음을 알아야 하는 이유는 무엇인가? 다른 사람의 마음을 알아야 하는 이유와 마찬가지로 우리는 자신의 행동을 설명하고 예측할 수 있어야 안정감을 느낀다. 내 속에 나도 모르는 누군가가 살고 있는 것 같고, 시도 때도 없이 그 사람이 튀어나와 제멋대로 행동한다면, 우리는 자신의 삶에 대한 통제력을 잃어버렸다는 무력감뿐 아니라 두려움마저 느낄 것이다.

통제력을 잃어버린 것과 비슷하지만 덜 극적인 경우가 '결정 장애'다. 사람들은 '나는 이것을 원하고, 가격이 가장 중요하다고 생각하기 때문에, 더 싼 것을 선택하겠다'는 식으로 생각한다. 결정할 때는 적어도 바람, 믿음, 의도라는 세 가지의 심적 상태가 작용한다. 이 중 어느 하나라도 애매하거나 분명하지 않으면 결정하지 못한다.

결정이 힘든 이유는 우리가 여러 가지 바람을 동시에 갖기 때문이다. '이것도 갖고 싶고, 저것도 갖고 싶고, 또 다른 것도 갖고 싶어.' 이런 바람들이 서로 충돌하고 경쟁하며 결정을 미루게 만들어서 결국 실제 행동으로 옮기지 못하게 방해한다. 바람뿐 아니라 여러 가지 믿음이 작용할 수 있다. '가격이 싼 것이 좋다.' '싼 것은 사람들에게 인정받지 못한다.' '여러 곳을 비교해야 한다.' 이런 믿음들 간의 갈등도 실행의 방해물이다. 어찌어찌 결정한 후에도 행동으로 옮기기를 주저한다. '현금 계산', '카드 계산', '더치페이'와 같은 선택지 사이에서 다시 고민이 시작된다. 크든 작든 우리는 계속 자신의 마음을 확인해야 하는 상황에 놓인다. 결정의 순간마다 '내 마음'을 분명하게 알면 얼마나 좋을까 하고 생각한다.

다른 사람을 이해하는 도구로서
내 마음의 한계

무엇보다 '내 마음'은 다른 사람의 마음을 알고자 할 때 유용할 수 있다. 자기 것이든 남의 것이든 모두 '마음'이다. 마음의 기본 원리는 동일하다. 우리는 다른 사람의 마음을 직접 볼 수 없을 뿐 아니라 정보가 충분하지 않기 때문에 빈틈을 메우려면 어쩔 수 없이 추론해야 한다. 이때 '나라면?', '같은 상황에서 나는 어떻게 했지?'와 같은 질문을 하는 건 좋은 전략이다. 이렇게 우리는 '내 마음'을 이용한다. 그런 상황에서 내가 원한 것, 내가 믿고 있는 것, 내가 결정한 것, 그리고 그때의 감정을 떠올린다. 이것들에 근거해서, "나는 네 마음을 알아. 나도 같은 경험이 있었어"라고 말해 준다.

우리는 다른 사람이 기뻐하면 같이 기뻐하고 슬퍼하면 같이 슬퍼한다. 이런 공감 능력은 사람들의 관계를 연결하는 접착제 역할을 한다. 공감은 다른 사람의 감정을 지각하고 이해하며 그 사람과 같은 감정을 느끼는 능력이다. 공감 능력은 다른 사람을 위로하고 돕는 행동뿐 아니라 범죄 행동을 설명할 때도 자주 등장한다. 공감 능력은 인간의 사회적 행동을 설명하는 중요한 지표다. 때로 공감 능력이 만병통치약처럼 여겨지기도 한다. 개인의 행복은 자존감이, 대인 간 행복은 공감 능력이 책임지고 있는 듯하다.

그러나 '내 마음'과 '남의 마음'은 똑같지 않다. 프리츠 하우프트는 《나도 그렇게 생각한다(원제: Die dunklen Seiten der Empathie, 공감의 어두운 면)》에서 다른 사람의 상황으로 들어가는 것과 자신이 직접 그 상황에 처하는 것은 근본적으로 다르다고 말한다. "내가 네 입장이라면"이라고 말하지만, 우리는 여전히 다른 사람과 자신이 다르다는 것을 의식하고 있다. 무엇보다 우리는 다른 사람이 처한 상황에 들어가 직접 행동하거나 고통을 받을 필요가 없다.

예를 들면, 아이와 학교에서 일어난 일을 이야기하다가 "내가 너의 입장이었다면 화를 냈을 거야"라고 말하더라도, 실제로 화를 낸 후 뒤따르는 결과를 두려워하지 않아도 된다. 따라서 공감한다는 것은 실제 그 상황을 경험하는 것이 아니라 단지 관찰하는 것에 더 가깝다. 우리는 그 상황의 외부에 있기 때문에 좀 더 분명하고 객관적인 관점을 유지할 수 있다. 또한 실제로 그 상황에 처한 사람이 주목하지 못하는 결과를 헤아릴 수 있지만, 구체적이고 핵심적인 것을 축소하거나 놓칠 수도 있다. 이심전심의 한계다. 이것을 극복하려면 내 마음과 다른 사람의 마음이 똑같을 수 없다는 것을 인정하고 서로의 마음을 이해하고 알리려는 시도를 적극적으로 해야 한다.

말에 마음을 어떻게 담아야 할까?

말은 메시지를
전하려는 욕망이다

앞에서 보았던 밥솥과 개의 행동에 어떤 차이가 있는가? 밥솥은 스스로 '의도'를 만들고 그것을 성취하고자 불빛이나 소리 혹은 말로 알린 것이 아니다. 단지 설계자의 '의도'와 저장된 절차에 따라 작동했을 뿐이다. 이에 반해 개의 행동에는 개의 '의도'가 들어 있다. 개는 상대에게 경고하려고 으르렁거린다. 그런데 만일 '개가 스스로 세운 계획에 따라 행동한 것인가'라고 물으면, 반드시 그렇다고는 말할 수 없다. 개의 행동 대부분은 선천적으로 장착된 것이고 자동적으로 실행된다. 분명 의도가 있는 행동이지만, 인간과 같은 계획적인 의도라고는 볼 수 없다.

밥솥과 개, 인간의 의도는 분명한 차이가 있음에도 이런 행동을 하는 목적은 누군가에게 메시지를 전달하는 것이다. 상황에 대한 단순한 묘사일 수도 있고 상대에게 무엇인가를 요구하거나 지시하는 것일 수도 있다. 분명 이것은 '말'의 시작이며, 의사소통을 하려는 강렬한 바람이다.

아기들의 발달 과정을 보면, 마음이 어떻게 시작되고 변화하는지 알 수 있다. 다윈이나 피아제, 프로이트 같은 유명한 학자들의 이론이 자신의 자녀를 관찰한 기록, 즉 육아일기에서 시작됐다는 것은 우연이 아니다.

아기가 첫 단어를 말하기 시작하는 시기는 대략 12개월경이지만 실제로는 그보다 훨씬 전부터 다른 사람과 의사소통을 할 수 있다. 다른 사람의 눈을 보고 그 사람이 원하는 것을 알아채고, 자신의 눈으로 원하는 것을 말한다. '저것 참 신기하네요', '난 저것을 원해요', '저것은 좋은 것인가요?', '여기 보세요!'

아기가 쳐다보는 것은 그냥 보는 게 아니고, 아기가 가리키는 것은 그냥 손을 든 것이 아니며, 아기의 웅얼거림은 단순한 소리가 아니다. 아기는 누군가에게 메시지를 보내고 있으며, 아기의 행동은 자신의 마음을 보여 주는 신호다. 발달심리학자들은 오래전부터 아기가 쳐다보거나(looking) 가리키는(pointing) 행동을 마음의 표식으로 해석해 왔다.

아기가 자신의 팔을 좀 더 자유롭게 조절할 수 있게 되면, 손과 팔을 이용한 몸짓으로 말한다. 이것을 '베이비 토크(babytalk)'라고 부른다. 손을 위아래로 움직여서 '나비'라고 말하고, 머리를 두드려서 '모자'라고 말하고, 주먹을 입술에 댐으로써 '우유'라고 말한다. 이것은 단순히 어떤 것을 나타내는 묘사이기도 하고, 자신에게 갖다 달라는 요구이기도 하고, 어떤 것을 보라는 지시이기도 하다. 베이비 토크와 같은 몸짓 언어가 이후 음성 언어발달에 어떤 영향을 미치는지는 논쟁의 여지가 있지만, 분명하게 확인된 것은 아기와 부모 간 관계에 긍정적이라는 것이다. 부모는 아기와 마음이 통하고 자신이 좋은 부모가 되었다는 만족감을 느낀다. 베이비 토크처럼 제한적이고 다소 부정확한 의사소통도 유대를 더 강하게 만든다. 우리는 단순히 정보를 얻고 지식을 넓히려고 말하는 게 아니라 다른 사람과 더 잘 지내려고 말을 한다.

말에 마음이
담겨 있기를 기대한다

진화론자 가나자와 사토시는 《지능의 역설》에서 인간이 생존하는 데 필요한 특성은 부모 자식처럼 특정한 관계 사이에서 유전인자로 전해지는 것이 아니라 보편적인 생물학적 인자로 인간 모두에게 전해진다고 설명했다. 다시 말하면 중요한 것은 모든 사람이 공평하게 갖고 태어난다는 것이다. 말하는 능력도 그중 하나다. 우리는 말하는 능력을 타고난다. 전 세계 아이들은 거의 비슷한 시기에 말을 시작하는데, 어떤 언어인지는 관계없다. 한국어를 하기로 정하고 태어나는 아이는 없다. 어떤 이유에서 말을 늦게 하기도 하고 때로는 소리가 아닌 몸짓으로 말을 대체하기도 하지만 어쨌든 말을 한다. 그래서 우리는 말하는 능력을 당연한 것으로 여기고, 태어난 지 1년즈음이 되면 부모는 아기의 첫 단어를 애타게 기다리며, 그 첫 단어가 '엄마'이거나 '아빠'이기를 기대한다. 부모는 이것이 어떤 대상을 가리키는 단순한 소리가 아니라 아기의 마음이라고 여기기 때문이다. 실제로 많은 아이가 '엄마'라는 단어로 말을 시작한다고 보고됐다. 여기에는 아기의 말을 듣고 해석하는 엄마의 '바람'이 들어 있을 수 있다('아기가 나를 부른 거겠지?'). 어쨌든 '엄마', '맘마', '아빠'가 아기의 생존에 중요하다는 것을 누구도 부인할 수 없을 것이다. '엄마'와 '아빠'는 아기에게 따뜻함과 배부름, 안전을 의미한다. '엄마'를 부르면, 미소로 답하고 안아 주고 먹을 것을 주고 기저귀를 갈아 준다. '엄마'는 마법의 단어다. '엄마'란 단어는 우리에게 세상은 믿을 만한 곳이며, 나는 사랑받을 가치가 있는 사람이라는 것을 일깨워 준다.

마음이 없는 말도
쓸데가 있다

태어난 지 1년도 채 되지 않은 아기도 말을 한다. 나이가 들면서 점점 더 말을 잘하게 된다. 더 많은 단어를 알고 더 복잡한 문장을 만들 수 있다.

흥미로운 점은 역사적으로 보면 사람의 언어 능력이 놀랄 정도의 수준에 도달했음에도 불구하고 우리 자신은 언어 능력이 높지 않다고 평가한다는 것이다. 실제로 언어 능력이 줄어든 것이 아니라 말에 대한 기준이 높아졌기 때문일 것이다. 아는 것이 많아지고 어휘의 수도 늘어났고 사회적 관계도 복잡해졌다. 그래서 상황에 딱 맞는 말을 선택하는 데 어려움을 겪는다. 또한 말로 망하고 말로 흥하는 사람들을 보면서, 점점 더 말하는 일이 어렵게 느껴진다. 잠시 오늘 했던 말들을 돌이켜보라. 혹시 아이에게 "쓸데없는 말 하지마"라고 말한 적이 있는가? 도대체 어떤 말이 쓸데가 있고 어떤 말이 쓸데없는 말인가? 말의 쓸모는 결정하는 사람에 따라 달라지기도 하고, 시간에 따라 달라지기도 한다. 말하는 순간에는 모든 말이 중요하고 쓸데가 있지만, 시간이 지나고 나면 많은 말들이 쓸데없는 것으로 여겨진다. '왜 그런 말을 했을까?', '말을 해 봤자 아무 소용도 없는데', '다르게 말했어야 했는데'라며 후회한다. '다음부터는 말조심 해야겠다' 혹은 '좀 더 간단히 말해야겠다'라고 다짐한다.

쓸데없는 말을 하지 않으려는 노력의 부작용으로 우리 자신은 물론 상대도 말수가 점점 줄어든다. 그 결과 우리는 신중함과 답답함의 경계에서 서성인다. 그런데 우리가 하는 모든 말이 쓸데가 있어야 할까? 모든 말이 의미 있거나 풍성한 열매가 달려야 하는 것은 아니다. 쓸데없는 말의 잔치처럼 보이는 수다가 우리의 마음을 달래

고 지켜준다. 안타깝게도 사람들이 수다를 떠는 행동을 다소 얕잡아
본다.

수다는 스트레스를 풀고 생각을 정리하고 새로운 정보를 얻는 통
로이자 수단이다. 수다의 소재는 대개 주변에 떠도는 소문이나 다른
사람의 흉 혹은 일상에서 겪는 자잘한 사건들이다. 아무짝에도 쓸데
없는 말처럼 보이지만, 소문과 다른 사람들의 불행, 연예인의 패션
모두 우리가 직접 경험하지 못한 세계에 대한 정보를 담고 있다. 다
소 이기적으로 보이지만 우리는 다른 사람의 실패나 불행을 말하면
서 자신의 삶이 안전하다는 위안을 받는다.

다만 수다가 정신건강에 도움이 되려면 사회적으로 적당한 선에
서 끝내야 한다. 우리는 다른 사람의 흉을 보는 자신을 좋게 평가하
지 않는다. 다른 사람을 험담하는 사람은 좋지 않은 사람이라는 믿
음이 자신에게도 적용되는 것이다. 또한 다른 사람의 흉을 보는 사
람이 하는 말은 곧 그 사람의 인상이 된다는 연구 결과도 있다. 내가
어떤 사람이 이기적이라고 말하면, 이 말을 들은 사람은 '나'를 이기
적인 사람으로 기억한다는 뜻이다.

노자는 말했다. "진흙을 빚어서 그릇을 만들되 그 가운데가 비어
야 그릇의 쓰임이 있다. 문과 창문을 뚫어 방을 만들되 그 가운데가
비어야 방의 쓰임이 있다. 그러므로 있음이 이로운 것은 없음이 쓸
모 있기 때문이다."

마음을 말하도록
내버려두기

우리 머릿속에 쓸데없는 말을 하지 말라고 경고하는 검열관이 있다고 상상해 보라. 말이 밖으로 나오기 전에 말의 쓸모를 검열한다. 그래서 수많은 말이 검열을 통과하지 못하고 머릿속에서 사라진다.

강산이 세 번 변하는 긴 시간이 흘렀음에도 변하지 않는 것이 있으니 학생들이 질문하지 않는다는 것이다. '이건 너무 유치한 질문이야', '이 질문을 하면 다른 아이들이 싫어할 거야', '이건 관계없는 질문이야' 하고 학생들 스스로 검열한다. 마찬가지로 나도 강의하던 중에 '이 말을 할 필요가 있을까?'라는 의문이 들면, 하려던 말들을 삼켜 버린다. 나중에 집에 돌아와 생각하면 내가 삼킨 말이 강의를 좀 더 부드럽게 만들었을 것이라는 후회가 든다. 어릿광대 역할을 하는 말들이 사라지면서 말은 점점 생기를 잃어 간다. 사람들은 근엄하고 진지한 내 말이 재미없다고 하고, 나는 내가 말을 잘 못하는 사람이라고 믿는다.

가장 엄격하게 검열을 낳는 것이 '내 마음'에 대한 말일지도 모른다. 마음을 드러내는 일은 쉽지 않다. 그 이유는 다른 사람이 '내 마음'을 알고 싶어 하지 않는다고 믿기 때문이다. 상대가 알고 싶어 하지 않는 마음을 말하는 것은 쓸데없는 짓이라고 생각한다. 요즘에는 '네가 어떤 생각을 하는지, 어떤 느낌인지 알고 싶지 않아. 그냥 내 질문에만 답해'라는 뜻으로 'TMI'라는 말을 사용한다. 이 표현은 참으로 무례하다. 말을 중간에서 잘라 상대를 무안하고 머쓱하게 만든다. "넌 왜 그렇게 눈치가 없어?"라면서 꾸짖는 것 같다. 행동이 마음에서 나오는 것이라면, 말에는 그 사람의 마음이 담겨 있다. 'TMI'는 말을 막는 것이 아니라 마음을 막는 말이다.

만일 부모가 아이에게 'TMI'라고 말한다면, 아이는 '내게 말하지 마. 네 마음 따위는 관심 없어'라는 뜻으로 해석할 것이다.

감정을 조절해서 말하기

하려던 말이 나오지 않을 때 말문이 막힌다고 표현한다. 할 말이 없거나 매우 당황하면 이런 현상이 나타난다. 학교나 직장에서 중요한 발표를 할 때, 좋아하는 사람 앞에서 말할 때, 왜 어린이집이나 학교에 가야 하는지 설명할 때, 부당한 대우를 받았을 때 말이 나오지 않는다. 왜 말이 나오지 않는 것일까? 우리는 불안하거나 당황해서 혹은 몹시 화가 나서 말을 하지 못했다고 생각한다. 실제로 어떤 강력한 감정이 우리를 압도하면 말하지 못할 수 있다. 감정이 이성을 억제하는데, 말은 이성의 영역에 더 가깝기 때문이다.

만일 불안하거나 화가 나서 말문이 막힌 것이라면, 감정이 진정되고 평온한 상태를 회복하면 해결된다. 다행스럽게도 우리는 자신의 감정을 조절하는 나름의 전략을 갖고 있다. 숨을 크고 깊게 쉬거나 숫자를 천천히 세거나 자신을 진정시키는 말을 하는 것이다. 언제나 그렇듯이 문제는 해결하는 방법을 알고 있다면, 더는 문제가 아니다. "문제없어"라는 말은 '내가 해결 방법을 알고 있어'라는 뜻이다. 우리는 살아가면서 점점 능숙한 문제 해결사가 된다. 경험이 늘면서 말문이 막히는 상황도 줄어들고 점차 문제가 되지 않는다.

감정을 조절하는 능력은 사람과 함께 어울려 살아가는 데 필수적이다. 우리가 맺는 관계는 다양하다. 다양한 관계를 통해 경제적, 사회적, 심리적 욕구를 해결한다. 어떤 관계는 화가 났다고 해서 당장 끊을 수 없으며, 스스로 화를 삭이거나 허용된 방식으로 드러내야 한다. 사람들은 건강하게 화를 내라고 한다. 이것은 생각보다 훨씬 복잡한 기술임에도 해야만 하는 이유가 있다면 우리는 방법을 찾아내고 상황에 적응해야 한다. 아이와 대화하는 상황이 바로 그렇다. 우리는 어떻게든 감정을 잘 조절하면서, 아이들과 대화해야 한다.

균형 잡힌 문자로
대화하기

그러나 동기가 줄어들면 노력도 줄어든다. 동기가 줄어들면 사람들은 감정을 조절하는 훈련을 하는 대신 다른 사람을 피하는 쪽을 선택한다. 사람을 만날 기회가 줄어들면 감정을 조절하는 기술의 필요성도 인식하지 못하고, 따라서 연습도 하지 않게 된다. 최근에는 일상에서 사람을 직접 만나 대화하는 것을 불편해하는 사람들이 점점 늘어나고 있다. 인터넷의 발달과 더불어 사람을 직접 만날 필요가 적어졌다. 소위 '랜선 친구'와 대화하며 친밀감을 느낀다.

또한 코로나19 때문에 재택근무가 늘어나고 사회적 거리두기가 장기간 지속되면서 이런 경향이 더 강해진 듯하다.

심지어 같은 공간에 있는 사람끼리 문자로 대화하는 것이 자연스럽게 보이기 시작했다. 더는 이상한 사람의 특이한 행동이 아니다. 카페에서 커피를 마시는 연인끼리, 거실 소파에 앉아 있는 엄마와 방에 있는 아들이 문자를 한다. 이제 사람들은 말소리만큼 빠르게 문자를 쓸 수 있다. 분명 문자로 대화하는 것에도 장점이 있다. 갈등 상황에 있을 때는 직접 말하기보다 문자가 더 나을 수 있다. 아이들은 부부싸움을 한 아빠와 엄마 사이에서 말을 전달하는 고역을 치르지 않아도 된다. 다툼이 있은 후에는 엄마가 아이에게 "아빠에게 식사하시라고 해"라고 말하면, 아이가 "아빠 식사하시래요"라고 하고, 아빠는 "나중에 먹겠다고 해"라고 말한다. 그러면 다시 아이가 아빠의 말을 엄마에게 전하는 어색하고 불편한 상황을 문자가 대신할 수 있을 것이다. 감정이 빠진 글로 대화하면서 객관적으로 문제를 되돌아보기도 한다. 또는 흔히 낯간지러워서 하지 못하는 말도 글로는 더 편하게 표현할 수 있다.

이제 문자는 우리 생활의 자연스러운 일부다. 매체의 특성상 문자는 모든 것을 압축한다. 길게 쓴 문자는 때로 놀림의 대상이 되기도 한다. 문자로 하는 대화는 대체로 한두 개의 단어와 이모티콘을 주고받는 형식이다. 마치 한두 단어로 의미를 전달하는 '전보식 언어발달 단계'에 있는 아이처럼 소통한다. 감정은 말이 아니라 이미지(이모티콘)가 대신한다. 이러면 감정적인 부담이 줄어들기 때문에 말문이 막히는 상황은 거의 사라진다.

그러나 우리는 가상현실 속에만 머물 수 없다. 결국 우리가 살아가는 곳은 현실 세계다. 매일 가족을 만나고, 가끔 낯선 사람을 만나 필요한 것들(물질적인 것이든 심리적인 것이든)을 얻으려면 대화해야 한다. 결국 다시 문자가 아닌 말을 해야 하는 상황으로 돌아간다. 아직은 문자가 말을 완전히 대체하지 못한다. 어쨌든 우리는 자신의 감정을 조절하는 능력을 키워야 한다는 뜻이다.

가족간 대화는 어렵다는
사실 인정하기

모임에 나가면 가끔 듣는 말이 있다. "원래 그렇게 말이 없나요?" 이러면 대개는 "친한 사람과 있을 때는 말이 많아요"라고 답한다. 그런데 친한 사람은 누굴까? 가족, 친구, 동료, 아는 사람? 분명히 친구와는 말을 많이 한다. 동료와 아는 사람과도 어느 정도 말을 한다. 함께하는 일과 주변에서 일어난 사소한 사건에 대해, 그리고 쓸데없는 농담을 한다. 그러면 가족과는 어떤가? 가족은 가장 오래 알아 왔고, 서로에 대해 많은 것을 알고 있고, 다른 누구보다 서로의 행복을 바라는 사람들이다.

하지만 삶의 가치에 대해, 미래의 계획에 대해, 사랑과 이별에 대해 가족과 진지하게 의논하거나 혹은 시시껄렁한 농담을 주고받는가? 가족과 얼마나 많은 말을 하는지, 말의 주제가 얼마나 다양한지, 자신에 대해 어떤 말을 하는지 생각해 보면, 그리 밝은 그림이 그려지지 않는다.

흔한 집안 풍경을 상상해 보라. 아빠가 TV를 보며 소파에 앉거나 누워 있다. 엄마는 소파에 앉아서 스마트폰을 보거나 부엌에서 뭔가를 하고 있다. 아이는 자기 방에서 공부하거나 게임을 하고 있다. 다른 집은 아빠가 부엌에서 음식을 만들고 엄마는 청소를 한다. 그리고 아이는 소파에 앉아 스마트폰을 보고 있다. 이 가족은 어떤 대화를 할까? 아마도 "밥 먹어", "게임 그만해", "숙제는 했니?", "내일은 뭐할 거야?", "어제 어디 갔었어?"와 같은 일상적인 말들일 것이다.

이제 다시 가족이 식탁에 둘러앉아 있다고 상상해 보라. 어떤 말을 하고 있는가? "요즘 어때?", "앞으로 뭐하고 싶어?", "힘든 일은 없어?", "난 여행을 하고 싶어요", "친구들과 문제가 있어요", "시간을 조금 더 내도록 노력하고 있어"처럼 서로의 감정과 생각에 대해 이야기 나누는가? 어떤 가족에게는 이런 대화가 쉽지만 다른 가족에게는 어려울 수 있다. 이런 차이가 나는 이유는 가족에 따라 친한 정도가 다르기 때문이라고 생각할 수 있다. 그렇다면 친하기만 하면 자동적으로 소통이 잘될까? 반드시 그런 것은 아니다.

제대로 표현하지 않으면
아이는 모른다

우리는 친한 사이일수록 더 애매하게 말하는 경향이 있다. 낯선 사람에게는 상세하고 친절하게 설명하지만 친한 사람에게는 많은 부분을 건너뛴다. 공유하는 경험이 적을수록 더 자세하고 구체적으로 설명한다. 반대로 공유한 경험이 많으면 상대가 알 것이라고 믿고 새로운 정보에만 초점을 맞춘다. 중간중간에 필요한 정보가 빠져서 구멍이 숭숭 난 편지같이 불분명한 말이 된다. 이처럼 마음을 분명하게 표현하지 않는 경향은 친한 사람 사이에서 더 많이 나타난다. 그래서 가까운 사람일수록 오해할 가능성이 높다. 아이는 가까운 사람인가? 아마도 부모 대부분 "그렇다"라고 답할 것이다. 그렇다면 아이가 가깝기 때문에 말을 생략하고 있을 수도 있다. 특히 마음에 대한 말이 생략됐다면, 오해가 깊어지고 있을 수도 있다.

친한 사람과 대화할 때 우리는 "그때 그거", "전에 봤던 거"처럼 애매하거나 모호하게 말한다. "내가 말 안 해도 알지?"라거나 "꼭 말로 해야 해?"라는 말도 자주 한다. '이심전심' 혹은 '말하지 않아도 아는 사이' 이런 말이 친함을 측정하는 척도가 된다. 그래서 애매한 것들을 서로 묻지 않고 넘어가는 경우가 많아지면서 오해가 쌓인다. 상대가 마음을 정확하게 말하지 않으면 우리 자신의 경험과 지식을 동원해서 추론해야 한다. 마치 상대는 기억과 추론 문제를 내고 우리는 그 문제를 풀고 있는 것 같다. 시험을 좋아하는 사람은 없다. "내가 무슨 말을 하는지 알지?"라고 말하면, "그럼 알지"라고 대답해야 한다. 게다가 나중에 내가 정확하게 이해하지 못했다는 것을 알게 되면 상대는 자신을 속였다거나 건성으로 들었다는 비난을 퍼붓는다. 이처럼 답을 맞히지 못했을 때 관계가 흔들릴 위험이 있다면 대화는 스트레스가 된다. 대화가 시험이 아닌 즐거운 경험이 되려면, 굳이 애쓰지 않아도 내용이 저절로 이해돼야 한다.

사람은 노력 없이 얻는 것을 좋아한다. 가능하면 자신의 에너지를 덜 쓰고 싶어 한다. 분명 아이들도 그렇다.

우리는 자신과 다른 사람의 마음을 알고 싶어 한다. 마음을 알면 행동을 설명할 수 있다고 믿기 때문이다. 자신과 타인의 마음을 읽을 수 있을 때 우리는 세상이 안전하고 통제할 수 있다고 느낀다. 마음을 아는 방법은 두 가지다. 하나는 개개인이 알아서 마음을 읽는 것이고 다른 하나는 서로에게 마음을 알려 주는 것이다. 마음을 알려 주는 가장 효과적인 방법은 '말'이다. 우리는 말하는 데 필요한 장치를 갖고 태어나지만 말로 마음을 정확하게 표현하려면 경험과 훈련이 필요하다.

마음을 말하는 세 가지 키워드, 바람/의도/믿음

"아들아, 나를 연못가에 묻어다오!"
　"난 지금 주먹을 낼 거야."

　어느 연못가에 청개구리 모자가 살았다. 청개구리 아들은 엄마의 말을 들은 적이 없다. 동쪽으로 가라고 하면 서쪽으로 갔고, 서쪽으로 가라고 하면 동쪽으로 갔다. 그러던 어느날 엄마 청개구리가 병이 들었다. 자신이 죽고 나서 비가 오면 무덤이 떠내려갈까 봐 걱정하던 엄마 청개구리는 아들 청개구리에게 유언을 남긴다. 자신이 죽으면 연못가에 묻어달라고. 평생 말을 듣지 않았던 아들 청개구리는 마지막 유언만이라도 지켜드리려고 연못가에 엄마의 무덤을 만들고 만다. 이후로 비만 오면 아들 청개구리는 엄마 청개구리의 무덤이 떠내려 갈까 봐 '개굴개굴' 하고 운다.

말을 듣지 않는 청개구리 아들에게 자신을 연못가에 묻어달라는 유언을 남긴 청개구리 엄마의 마음도 이해한다. 내가 추측하는 청개구리 엄마의 마음은 이렇다. '나는 산에 묻히고 싶어(바람). 저 녀석은 언제나 반대로 행동하지(믿음)! 그렇다면 나는 반대로 말을 할 거야(의도).' 이런 마음에서 "아들아, 날 연못가에 묻어다오"라고 말했을 것이다. 청개구리 아들은 마지막 순간에 엄마의 '마음'을 읽지 못했다!

다음으로 가위바위보 게임을 하는 상황을 떠올려 보자. "난 지금 주먹을 낼 거야"라는 말을 듣는 순간부터 우리의 머릿속은 복잡해진다. 아마도 가위바위보 상대를 혼란하게 만들려는 이런 전략은 어린아이에게는 통하지 않을 것이다. 물론 상대의 말 따위에 흔들리지 않거나 그냥 생각 없이 행동으로 옮기는 어른에게도 통하지 않는다. 그러나 대부분 상대가 어떤 의도로 이런 말을 하는지를 생각한다. '내가 너의 말을 듣지 않을 것이라고 네가 기대하고 있다는 것을 내가 알고 있다는 것을 너는 알고 있지. 그러니 나는 뭘 내야 하지?'

상대의 마음을 읽으려 들수록 점점 더 미궁 속으로 빠지는 느낌을 받는다. 상대가 나를 얼마나 알고 있을까? 무엇보다 도대체 나는 어떤 사람인가? 상대의 말을 그대로 믿는 편인가 아니면 반대로 행동하는 편인가? 이제 가위바위보는 단순한 게임이 아니라 상대의 마음을 읽어야 하는 복잡한 심리 추론 문제가 됐다.

가위바위보 게임을 이렇게 복잡하게 만든 사람은 어떤 마음일까?

이 사람은 왜 이 말을 했을까? 이 사람은 이기고 싶었을까 아니면 상대가 이기기를 바랐을까?

어쩌면 상대를 혼란에 빠트리고 싶지는 않았을지도 모른다. 이 사람은 그저 자신의 말을 듣고 상대가 '보'를 내기를 바란다. 이 사람은 상대가 자신이 얼마나 정직한 사람인지 잘 알고 있다고 믿고 있다.

자신은 속임수를 쓰는 사람이 아니다. 그런데 이 사람의 바람이나 의도와 달리, 상대는 당황하고 혼란스러워 한다. 그제야 자신의 믿음이 틀렸다는 것을 알게 된다. 이 사람은 '내가 자신을 속일 수도 있다'고 믿는구나! 실망하고 화가 나서 "넌 날 믿지 않는구나! 난 거짓말쟁이가 아니야"라고 말한다면, 오히려 상대가 당황할 것이다. "이건 게임이잖아. 너도 거짓말을 할 수 있지!" 이런 과정을 통해 우리는 상대의 관점을 알게 되고, 또한 상황에 따라 마음을 읽는 방식이 달라져야 한다는 것을 배우게 된다.

우리는 청개구리 엄마처럼 그리고 가위바위보를 하는 사람들처럼 자신과 상대의 마음을 읽고 행동을 예측한다. 누군가의 마음을 읽고 싶다면 질문해 보라. 무엇을 바라는가? 무엇을 믿는가? 무엇을 하려고 하는가?

틀린 믿음이 일으키는 일

　직장에 다니는 30대 호선은 요즘 거의 매일 동연과 만났다. 동연은 고등학교 동창으로 최근에 다시 만나기 시작했다. 동연은 호선이 힘들 때마다 옆에서 위로해 주고 자신의 일처럼 신경 써 주었다. 그런데 어느 날 동연이 침울한 표정으로 나타났다. 다른 도시에 사는 동생이 사고를 당했다고 했다. 급히 동생한테 가야 하는데 병원비를 구하지 못해 걱정이라고 말했다. 호선은 자신이 갖고 있던 돈과 주변 사람에게 빌린 돈을 합쳐서 동연에게 주었다. 동연은 고맙다며 다녀와서 바로 갚겠다고 말했다. 그러나 금방 다녀온다던 동연은 몇 달이 지나도 나타나지 않았다.

　호선은 걱정되기 시작했다. '동생이 잘못되었나?' 그런데 어느 날 동창 상연과 경민이 찾아왔다. 그리고 "너 동연이 얘기 들었어? 친구들에게 사기를 치고 다닌다는데. 어떤 멍청이들이 사기를 당했는지 한심해. 난 예전부터 사고 칠 줄 알고 있었어"라고 말한다. 그때 경민이 말한다. "작정하고 속이는 사람을 누가 이겨. 동연이가 사람들에게 친근하게 행동하잖아. 나라도 속았을걸."

호선은 생각한다. '그럴 리가 없어. 동연은 내가 잘 알아. 적어도 내게는 그러지 않을 거야.' 자신의 믿음이 틀렸다는 증거에도 불구하고 호선은 동연을 믿는다. 만일 자신이 사기를 당했다는 것을 인정하면, 그냥 '사기를 당하는 멍청이'가 되는 것이 아니라, 동연과 함께했던 모든 시간과 기억 그리고 추억을 잃게 되기 때문이다. 한동안 괴로워하던 호선은 동연의 행동을 다시 돌아본다. 그리고 마침내 자신의 믿음이 틀렸다는 것을 받아들인다.

아마도 한 번쯤 비슷한 이야기를 들었을 것이다. 우리는 누군가에 속기도 하고 누군가를 속이기도 한다. 우리는 때로는 나쁜 의도로 때로는 좋은 의도로 상대를 속인다. 어떤 이유에서든 속는 것을 좋아하는 사람은 없다. 그래서 사람들은 나름대로 속임수 혹은 거짓말을 찾아내는 전략을 갖고 있다. 하지만 지금까지의 결과로 보면, 우리의 거짓말 탐색 전략들은 별 효과가 없는 듯이다. 그 이유는 거짓말은 속이는 사람과 속는 사람의 합작품이기 때문이다. 거짓말의 핵심에는 '틀린 믿음'이 있다. 따라서 거짓말은 마음이 어떻게 작용하는지를 잘 보여 준다.

위의 이야기는 네 사람의 마음에 대한 것이다. 우선 호선의 틀린 믿음에서 시작해 보자. 호선은 동연이 좋은 사람이라고 믿었다. 자신에게 보여주는 행동이 선의에서 비롯된 것이라고 생각한 것이다. 호선은 상연의 이야기를 듣기 전까지는 자신의 믿음이 틀렸다는 것을 알지 못했다.

두 번째는 동연의 거짓말이다. 거짓말은 의도적으로 다른 사람의 마음을 속이는 행위다. 거짓말을 하려면 상대의 마음을 읽어야 한다. 동연은 자신이 어떤 말과 행동을 하면 호선이 자신을 믿을지 알고 있었다. 동연은 유능한 마음 읽기 능력자이며, 이 능력의 부정적인 면을 대표한다. 아마도 호선에게 일단 믿음을 주면 거짓말을 하기는 쉽다는 것도 알고 있었을 것이다. 그래서 때로 호선에게 짜증을 내거나 상처가 되는 말을 해도 괜찮다고 생각했을 수 있다. 왜냐하면 '동연은 좋은 사람이다'라는 호선의 믿음에 근거해 동연의 무례한 행동도 격의 없는 행동으로 왜곡돼 해석될 것이기 때문이다.

마지막으로 상연과 경민의 마음이다. 이 두 사람이 호선과 동연의 관계를 알고 있었는지는 불분명하다. 일단 상연은 모르고 경민은 안다고 가정해 보자. 상연은 의도치 않게 무례한 행동을 했고 경민은 호선의 마음을 배려한 행동을 했다. 여기서 주목할 것은 틀린 믿음과 행동 간의 관련성을 이해하면 상황을 해석하고 상대를 배려할 수 있다는 점이다.

마지막으로 상연의 행동이 호선에게 어떤 영향을 미쳤을지 조금 더 자세히 살펴보자. 상연은 동연의 양면을 모두 알고 있었던 것처럼 말하지만 확실하지 않다. 우리는 모든 사실이 다 드러난 후에 "그럴 줄 알았어!"라고 말하는 경향이 있다. 마치 답안지를 본 다음 문제를 푸는 것과 같다. 답을 알면 문제를 설명하는 것이 훨씬 쉽다. 이를 선견지명과 대조해서 '후견지명'이라고 부른다. 상연의 말은 분명 호선의 틀린 믿음을 바로 잡는 단서지만, 한편으로 호선을 아프게 한다. 호선은 상연이 자신과 동연의 관계를 몰랐을 것이라고 믿는다. 그래서 호선은 사기당한 사람을 비난하는 상연의 말을 자신에 대한 비난으로 받아들이지 않는다. 그럼에도 상연의 말은 호선이 자신의 상황을 말하기 어렵게 만든다.

이것은 우리의 마음에 대한 이야기이고, 바람, 믿음 그리고 의도에 대한 이야기다. 틀린 믿음을 이용한 나쁜 사례다. 여기서 말하고 싶은 것은 틀린 믿음의 위험이 아니라 우리가 틀린 믿음과 행동 간의 관계를 알고 있다는 것이다. 이 능력 덕분에 우리는 다른 사람의 행동을 설명하고 예측할 수 있다. 더 나아가 우리 자신의 믿음도 틀렸을 수 있다는 것을 이해한다. 호선은 상연을 통해 자신의 믿음이 틀렸다는 것을 알게 된다. 호선은 '세상에 믿을 놈 하나 없군!'이라고 생각했을 수 있다. 그러나 이 경험이 호선에게 어떤 영향을 미칠지는 호선에게 달려 있다. 호선은 세상 모두를 불신하면서 염세적으로 세상을 볼 수 있다. 아니면 당연하게 여겼던 자신의 믿음들에 대해 의문을 갖는, 비판적이고 건설적인 관점을 갖게 될 수도 있다. 당신이라면?

마음이론은 어떻게 발달할까?

행동은 마음에서 나온다

사람의 마음은 어디에 있는가? 사람들에게 마음이 있는 곳을 손가락으로 가리켜 보라고 하면, 대개는 가슴이나 머리를 가리킨다. 마음은 우리 내부에서 나오는 어떤 것이라는 믿음이 있기 때문이다. 뇌과학자들은 성격, 지능, 감정, 기억 등 대부분의 심적 특성을 뇌의 기관이나 신경망으로 설명한다. 이들의 손가락은 머리를 향할 것이다. 반대로 사회심리학자들은 뇌는 마음의 장치일 뿐이고 마음의 내용은 사회적 경험에서 온다고 주장한다. 이들의 손가락은 다른 사람을 가리킬 것이다.

뇌의 브로카와 베르니케 영역은 언어를 담당하고, 편도체는 감정을 담당하고, 해마는 기억을 담당하는 기관이지만, 어릴 때 언어적 경험을 하지 못한 아이는 말을 거의 하지 못한다. 아빠와 캠핑 간 경험이 없는 아이는 그런 추억(기억)이 없다. 당연해 보이지만 뇌와 사회적 경험의 합작품이 우리가 느끼는 마음일 것이다. 마지막으로 가슴에 마음이 있다는 생각은 과학적 설명이라기보다 문학적 상징에 가깝다.

'마음이 어디에 있는가'라는 질문은 마음이 있다는 전제에서 시작된다. 어디든 손가락으로 가리킨 사람은 마음이 어디 있는지는 의견이 다르지만 마음이라는 어떤 것이 있다는 점에는 동의한 것이다.

'너의 마음은 누구(혹은 무엇)를 향해 있는가?'라는 물음으로 마음의 정체를 밝히려는 심리학자들이 있다. 이들은 '마음이론'이라는 매력적인 이름을 붙이고 사람들이 어떻게 마음을 이해하는지를 연구하고 있다. 이들의 출발점은 '마음은 뭔가를 향해 있다'는 가정이었으며, '마음의 지향성'이라고 불렀다. 우리의 마음이 누군가를, 혹은 무엇인가를 향해 있다는 것을 "그것을 바라고 그것을 믿고 그것을 갖기 위한 계획을 세운다는 것"으로 해석한다. 이런 마음은 결국 행동으로 이어진다. 부모의 마음은 자녀를 향해 있고, 연인의 마음은 사랑하는 사람을 향해 있고, 배고픈 사람의 마음은 음식을 향해 있다. 그리고 우리는 그 방향, 즉 마음의 방향으로 움직인다. 다시 말하면, '행동은 마음에서 나온다.' 이런 믿음을 갖고 있는 사람이 심리학자뿐인가? 아니다. 거의 모든 사람이 이런 믿음을 갖고 있다.

제대로 예측해서
제대로 관계 맺기

1978년에 영장류 학자인 프리맥과 우드러프는 "우리는 다른 사람이 무엇인가를 원하거나 생각하거나 믿는 것 같은 심적 상태에 있다고 가정하며, 이런 상태를 자기와 타인의 행동을 예측하는 데 사용한다"고 주장했다. 프리맥과 우드러프는 사람들이 '바람'이나 '믿음', '의도'와 같은 마음 상태들을 행동을 예측하고 설명하는 데 사용한다는 의미에서 '마음이론'이라고 이름 붙였다. 간단히 말하면, 우리는 '마음에서 행동이 나온다'는 매우 간단한 이론을 만들어서, 복잡한 인간의 행동을 설명하고 예측한다. 이런 마음이론 능력 덕분에 우리는 다른 사람이 우리와 다른, 독특한 믿음과 바람을 갖고 있다는 것을 이해할 수 있고, 그 사람의 행동을 설명하고 예상함으로써 일상에서 사회적 상호작용을 할 수 있다. 마음이론이 다른 사람과 어울려 살려는 목적으로 애초에 우리에게 장착된 심리적 장치라는 것은 어린아이에게도 이 능력이 있다는 사실에서 증명된다. 심지어 18개월된 아기도 기초적인 능력이 있다는 연구 결과도 있다.

사람의 행동을 설명할 때 파악해야 할 가장 핵심적인 마음 상태는 '의도', '바람', '믿음'이다. 우리는 무엇을 원하는지, 무엇을 믿는지, 어떤 의도를 가졌는지에 초점을 맞춘다. 예를 들면, 아이가 식탁으로 손을 뻗는 것을 보면, 우리는 아이가 식탁 위에 있는 무언가를 잡으려 한다고 생각한다. 그래서 그 아이의 행동을 '의도'로 설명한다.

만일 어떤 사람이 당신에게 손을 내민다고 상상해 보라. 이 사람은 악수를 하려는 의도인가? 뭔가를 달라는 의도인가? 혹은 당신의 옷에 붙어 있는 뭔가를 떼 주려는 의도인가?

때로 우리는 상대의 의도를 제대로 읽지 못해 엉뚱하게 반응한다. 만일 상대는 카드를 받으려는 의도에서 손을 내밀었는데 내가 악수를 한다면, 상대는 당황하고 나는 민망할 것이다. 다행스럽게도 이런 창피한 일이 일어나는 경우는 드물다. 아마도 상대는 우리의 실수를 모른 척 해 줄 것이다. 심지어 어린 아기도 어른의 행동이 의도였는지 실수였는지를 구분한다.

예술 작품에서의 마음이론

마음이론 능력은 사람들과 관계를 맺고 살아가는 데에만 필요한 게 아니다. 예술작품을 창조하고 즐기는 데도 사용된다. 우리가 셰익스피어의 희극과 비극을 보며 웃고 우는 것도 이 능력 덕분이다. 〈로미오와 줄리엣〉에서 죽음 장면을 떠올려 보라. 실제로 일어난 사건은 간단하다. 로미오는 줄리엣이 있다는 장소로 갔고, 그곳에서 죽은 듯 잠이 든 줄리엣을 발견하고 스스로 목숨을 끊었다. 이 사건을 비극으로 만든 것은 우리의 마음이론 능력이다. 우리는 줄리엣이 잠이 드는 약을 먹었다는 것을 알고 있다. 또 우리는 여러 사건이 조금씩 어긋나면서 로미오가 줄리엣의 계획을 듣지 못했다는 것을 알고 있다. 그래서 우리는 어떻게 로미오가 토굴에서 잠든 줄리엣을 보고 '줄리엣이 죽었다'고 틀린 믿음을 갖게 되었는지도 이해하고, 그런 틀린 믿음 탓에 죽음을 선택했다는 것도 이해한다. 단순히 로미오가 죽었다는 '사실'이 아니라 로미오가 죽은 '이유'가 비극인 것이다. 만일 그 이유를 이해하지 못한다면, <로미오와 줄리엣>을 보면서도 슬프거나 안타깝지 않을 것이다. 이처럼 바람과 믿음, 의도 같은 마음 상태로 행동을 설명할 수 있는 마음이론 능력 덕분에 우리는 세상의 희극과 비극을 이해하고 즐길 수 있다.

일상에서
아이의 마음을 읽다

아이가 마음이론 능력을 갖게 되었다는 것을 어떻게 알 수 있을까? 아이가 낯선 어른과 식탁에 마주 앉아 있다. 아이 가까이에 초콜릿이 담긴 접시와 브로콜리가 담긴 접시가 놓여 있다. 낯선 어른이 말없이 브로콜리를 쳐다본다. 아이는 어른을 쳐다본다. 이때 우리는 아이에게 그 낯선 어른이 원하는 것을 주라고 지시한다. 아이는 어떤 접시를 줄 것인가? 아마도 초콜릿 접시를 줄 것이라고 예상할 것이다. 우리는 아이가 다른 사람에게 줄 선물로 자기가 좋아하는 물건을 고르는 것을 본 경험이 있다. 예를 들면, 할머니 선물로 자기가 좋아하는 악어 인형을 고르거나 아빠 선물로 자신이 좋아하는 풍선을 고른다. 이런 귀여운 행동은 아직 자신과 다른 사람의 마음을 구분하지 못한 결과다. (놀라지 마시라. 실험에서는 만 18개월 아기가 브로컬리 접시를 선택했다.)

초콜릿 접시를 건넨 아이의 마음을 추측해 보라. 아이는 이렇게 생각했을 수도 있다. '나는 초콜릿이 좋아. 다른 사람도 나처럼 초콜릿을 좋아할 거야.' 혹은 '우엑, 브로콜리라니. 세상에 브로콜리를 좋아하는 사람은 없어'. 이것은 둘 중 하나를 선택하는 단순한 상황이지만, 아이의 마음이론 능력을 엿볼 수 있는 좋은 기회다.

부모의 역할 중 하나는 아이의 행동에서 의미를 찾아내는 것이다. 마음이론 능력이 높을수록 부모는 아이의 행동에서 마음을 더 잘 읽을 수 있다.

어른은 마음을
더 잘 읽을까?

이제 당신이 똑같은 상황에 놓여 있다고 가정해 보라. 당신은 오늘 처음 본 사람과 마주 앉아 있고, 식탁 위에는 초콜릿과 브로콜리가 담긴 접시 두 개가 놓여 있다. 낯선 사람이 당신에게 접시를 건네달라고 말한다. 당신은 어떤 것을 줄 것인가? 아마도 당신은 먼저 상대에게 뭘 좋아하는지 아니면 뭘 원하는지를 물을 것이다. 그런데 질문할 수 없는 상황이라면, 어떻게 할 것인가? 만일 아는 사람이라면 과거의 경험과 그 사람에 대한 정보를 이용하겠지만, 지금은 낯선 사람이다. 당신은 아마 당장 이용할 수 있는 정보와 일반적인 지식에 기초해서 추론을 시작할 것이다.

먼저 상대의 연령과 성별 정보에 주목한다. '어릴수록 달고 맛있는 것을 선택하고 나이가 들수록 건강에 좋은 것을 선택한다.' '여자는 남자보다 초콜릿을 좋아한다.' '남자는 브로콜리를 좋아하지 않겠지만 초콜릿보다는 좋아할 것이다.' 다음으로 눈에 띄는 것이 상대의 체격이다. 다소 말랐거나 근육질이라면 초콜릿보다는 브로콜리를 원할 것으로 추측한다. 당신의 지식과 믿음에 근거한 추론을 통해 상대가 좋아하거나 원하는 것이 무엇인지 결정한다.

그렇지만 아직 문제가 남아 있다. 좋아하는 것을 줄 것인가 원하는 것을 줄 것인가? 상대는 초콜릿을 좋아하지만 지금 원하는 것은 브로콜리일 수 있다. 당신의 선택은? 이런저런 생각 끝에 당신은 상대가 좋아하리라고 생각한 초콜릿을 준다. 이 선택에서 당신이 무엇을 좋아하는지 그리고 무엇을 원하는지는 상관없다. 지금 당신은 다른 사람의 마음과 자신의 마음을 분리했으며, 그것을 각각의 상황에 따로 적용하고 있다. 왜냐하면 당신은 마음이 어떻게 행동으로 이어지는지를 알고 있기 때문이다.

분명히 어른은 아이들보다 더 복잡하고 정교한 추론으로 다른 사람의 마음을 읽는다. 어른은 사람들과 접촉한 경험이 더 많고 지적으로도 월등하기 때문이다. 어른은 다른 사람의 마음을 추론할 때 마음 관련 지식과 당장 이용할 수 있는 정보를 모두 사용한다. 처음에는 상대의 연령이나 성별을 확인하고, 다음으로 그것과 연관된 지식을 활용해 상대의 마음을 추론하는 것이다.

나이가 들면 한꺼번에 처리할 수 있는 정보의 수가 늘어난다. 따라서 어른이 되면 한 번에 고려할 수 있는 마음 상태의 수가 늘어나고, 더 정확하게 다른 사람의 마음을 읽을 수 있게 된다.

어린아이도
틀린 믿음을 이해한다

지금 아이들과 함께 인형극이 공연되고 있는 극장에 있다고 상상해 보라.

곰과 여우가 방으로 들어온다. 곰은 빨간 별이 그려져 있는 공을 바구니 속에 넣는다. 잠시 후 곰은 방을 나간다. 여우는 곰이 넣어둔 공을 꺼내서 서랍 속에 넣는다. 이때 잠깐 나갔던 곰이 돌아온다. 곰은 공놀이를 하려고 공을 찾는다. 곰은 바구니로 향한다.

이 장면을 보고 있던 아이들은 어떻게 반응했을까? 어떤 아이는 곰이 공을 찾으려고 하자 벌써 키득거리기 시작한다. 다른 아이는 곰이 바구니에서 공을 찾는 것을 보고 깜짝 놀란다. "아니야, 공은 서랍에 있잖아"라고 소리친다. 이 두 아이의 차이는 무엇일까?

미리 키득거리던 아이는 곰의 틀린 믿음을 이해했고, 그런 틀린 믿음 때문에 '어리석은' 행동을 할 것이라고 예상한 것이다. 아이는 곰의 믿음('내가 공을 바구니에 넣었지. 마지막으로 내가 공을 본 곳은 바구니 속이야. 그러니 당연히 공은 바구니 속에 들어 있어야 해')과 자신의 믿음('난 공이 옮겨진 것을 보았어. 공이 서랍 속에 있다는 것을 알아')을 구분할 수 있다. 이 상황은 틀린 믿음을 측정하는 전형적인 '위치 이동 과제'다.

서랍이 아닌 바구니에서 공을 찾는 곰의 행동에 놀란 아이들은 틀린 믿음과 행동 간의 관계를 이해 못 한 것이다. 다시 말하면 이 아이들은 다른 사람의 마음을 읽지 못했다.

겉모습과 실제를
구분하는 능력의 중요성

마음이론 능력을 측정하는 방법 중 하나는 내용물 교체다(스마티 과제라고 부르는데 스마티는 초콜릿 브랜드다). 어린 시절에 과자 상자에 들어 있는 양말이나 사탕통에 들어 있는 소금을 보고 실망했던 경험이 있을 것이다. 엄마가 양말이나 소금을 넣는 장면을 보지 못했기 때문에 일어난 일이다. 엄마는 우리가 살금살금 과자 상자에 다가가서 주변을 두리번거리다가 뚜껑을 여는 장면을 상상하고 웃었을지도 모른다. 어쩌면 아빠가 일부러 우리를 놀리려고 사탕통에 소금을 넣어 놓았을 수도 있다.

연구에서는 아이가 보는 앞에서 스마티 초콜릿 상자에 연필을 넣는다. 그런 다음 이것을 보지 못한 친구는 이 상자에 무엇이 들어 있다고 생각할지 그리고 상자를 열었을 때 어떤 감정을 느낄지를 묻는다.

마음이론 능력이 발달한 아이는 초콜릿이 있을 것이라고 기대하고 상자를 연 친구가 실망하고 슬퍼할 것이라고 대답한다. 이 아이는 친구의 마음(틀린 믿음)을 읽었다! 이에 반해 아직 마음이론 능력이 부족한 아이는 '친구가 연필이 들어 있는 것을 알기 때문에 실망하지 않을 것'이라고 말한다. 이 아이는 친구의 마음을 읽지 못했다!

과자 상자 속 양말이나 초콜릿 상자 속에 연필이 들어 있는 상황을 이해하는 아이는 겉모습과 실제가 다를 수 있다는 것도 이해한다. 이것도 사회인지 능력의 한 종류다.

아이에게 개의 가면을 쓴 고양이 사진을 보여주고, 이것이 개인지 고양이인지 묻는 연구가 있다. 장난처럼 보이는 이 연구를 통해 겉모습과 실제를 구분하는 아이의 능력을 측정할 수 있다. 네 살 정도 되면 겉모습과 실제가 다를 수 있다는 것을 이해한다. 개의 가면을 쓴 고양이를 보고는 '고양이'라고 대답한다.

어린아이들은 '본질주의자'다. 아이들은 모든 것에는 변하지 않은 본질이 있으며 고양이의 본질은 가면으로 바꿀 수 있는 것이 아니라고 믿는 듯하다. 분명 우리는 어릴 때부터 겉모습에 속지 않는 능력을 가지고 있었지만 사는 동안 끊임없이 겉모습에 속는다. 우리는 겉모습의 강력한 힘을 알기 때문에 화장을 하고 인테리어를 하고 포장을 한다. '나는 디자인이 중요하다고 생각해'라는 말은 '나는 겉모습에 잘 속지'라는 말일 수도 있다.

다시 마음으로 돌아가면, 이 능력 덕분에 겉으로 드러나는 표정이나 행동이나 말이 진짜로 느끼고 있는 감정과 다를 수 있다는 것을 안다. 사람들은 화가 나도 슬퍼도 웃을 수 있다. 진짜 감정과 겉으로 드러난 감정이 다를 수 있다는 것을 모르는 사람은 혼란을 겪는다. 특히 사람의 마음을 읽는 능력이 취약한 사람에게 이것은 복잡한 미스터리다.

영화 〈증인〉에서, 자폐스펙트럼 장애가 있는 소녀는 엄마의 얼굴 표정 사진을 이용해 감정을 배운다. 그런데 일상에서 본 사람들의 표정은 때로 감정과 일치하지 않을 때가 있어 혼란스럽다. 이 소녀의 친구는 항상 웃고 있었지만 소녀를 진짜로 좋아한 것이 아니었다. 소녀를 돌봐야 하는 역할 때문에 웃은 것이다.

이 소녀가 다른 사람의 마음을 읽을 수 없어서 겪는 일상의 혼란이 느껴지는가? 우리가 진짜와 거짓이 뒤섞여 있는 세상에서 살아갈 수 있는 이유는 마음이론 능력과 외양과 실제를 구분하는 능력이 있기 때문이다.

마음을 읽고
그것을 해석한다

다른 사람의 마음을 알면 우리는 더 나은 행동을 할까? 꼭 그렇지는 않다. 삶의 때가 묻은 어른뿐 아니라 순수한 아이도 마음이론 능력을 자기 이익을 위해 사용한다. 안타깝게도 아이들이 다른 사람의 마음을 읽게 되었다는 신호 중 하나가 거짓말이다. 거짓말은 다른 사람이 어떤 생각을 하고 있는지를 알고 있어야 가능한 행동이다.

어느 조용한 교실에 한 아이가 책상에 앉아 있다. 선생님은 오늘 볼 시험이 상당히 어려워서 다 맞히기는 쉽지 않을 것이라고 말한다. 이때 갑자기 선생님의 전화기가 울린다. 전화를 받은 선생님은 "급한 일이 있어서 잠깐 나갔다 와야 해요. 절대로 선생님 책상 위에 있는 답안지를 보면 안 돼요"라고 말하고 교실 밖으로 나갔다. 아이는 어떻게 할까? 이런 상황에 놓였을 때, 상당히 많은 아이가 잠깐 고민하지만 결국 답안지를 본다. 여기서 주목할 것은 아이들의 점수다. 어떤 아이는 100점을 맞고 어떤 아이는 97점을 맞았다. 당신이라면 어떻게 했을까? 어떤 아이의 사회적인 능력이 더 높은 것일까?

아이들에게 이 이야기를 들려준 후, "100점을 맞은 학생과 97점을 맞은 학생 중 누가 벌을 받을 가능성이 더 높은가?"라고 묻는다. 어떤 아이는 100점을 맞은 학생이 벌을 받을 가능성이 더 높으며, 97점을 맞는 것이 더 현명한 행동이라고 평가한다. 또한 97점을 맞은 학생은 문제가 어렵다고 생각한다는 선생님의 마음을 읽고 한두 문제를 일부러 틀린 것이라고 설명한다. 이렇게 대답한 아이는 제삼자의 입장에서 선생님과 학생의 마음을 모두 읽었고 상황을 이해한 것이다.

마음이론은 세상을
안전하게 만든다

마음이론 능력은 일상의 거의 모든 곳에서 작용하고, 우리가 경험하는 세상을 다르게 만들 수 있다. 가족이나 친구뿐 아니라 영화나 드라마의 등장인물에 대한 평가도 달라진다. 예를 들어, 포로가 된 군인이 자기 부대의 위치를 적에게 말하는 장면에서 끝이 난 드라마를 본 한 아이는 그 군인을 배신자라고 욕을 하고 다른 아이는 적을 속이는 영리한 행동을 한 것이라고 추측한다. 다음 회에서 적들이 포로가 된 군인이 말한 곳이 아니라 다른 곳을 공격하는 것을 본다. 그 결과 아이는 '역시 포로가 된 군인은 적들이 자기 말을 믿지 않는다는 것을 이용할 계획이었네'라며 자신의 추측이 맞았다는 것에 기분 좋아 하고, 다른 아이는 왜 다른 곳으로 가는 거야?라며 혼란스러워하거나 이상하게 글을 쓴 작가를 탓할 수도 있다. 두 아이는 같은 이야기를 다르게 해석했고 다른 경험을 하고 있다. 두 아이는 다른 사람의 마음을 이용해서 행동을 예측했고, 한 명은 맞았고 한 명은 틀렸다. 우리는 예측이 맞으면 세상이 안전하다고 느끼고, 예측이 맞지 않으면 당황하고 불안해한다.

　우리는 다른 사람이 어떤 믿음을 갖고 있는지 알고 있을 뿐 아니라, 그 사람이 또 다른 사람의 믿음을 추측해서 행동한다는 것을 알고 있다. 아이들은 엄마가 아빠의 마음을 읽고 행동을 한다는 것을 이해한다. 예를 들면, 엄마가 아빠에게 마늘이 들어 있는 만두를 주면, 아이는 '아빠가 만두 속에 고기가 들어 있다고 믿을 것이라고 엄마가 믿는다'는 것을 알고 아빠를 속이거나 혹은 놀리려는 행동이라는 것을 이해한다. 그래서 웃음을 참으면서 엄마와 함께 아빠가 먹기를 기다린다. 우리가 예상하는 것보다 더 정확하게 아이는 가족 내에서 일어나는 일을 이해한다.

아이의 마음을 읽는 열쇠

부모가 가장 알고 싶은 아이의 마음은 역시 '의도', '바람', '믿음'이다. 무엇을 할 계획인가? 무엇을 원하는가? 무엇을 믿는가? 부모가 아이의 마음을 알고 싶어 하듯이 아이 또한 부모의 세 가지 마음을 알고 싶어 한다.

누구나 의도를
들키지 않으려 한다

사람은 모두 어떤 목적이나 의도를 갖고 행동한다고 우리는 가정한다. 마음 상태 중에 행동과 직접 연결되는 것이 '의도'다. 그래서 다른 사람의 의도를 알고 싶어 하지만 정확하게 알 수 없는 경우가 많다. 사람들은 자주 자신의 의도를 숨긴다. 왜냐하면 어떤 의도가 있는지 밝혔을 때 뒤따르는 책임과 위험을 알고 있기 때문이다. 예를 들면, 아이는 공부할 계획을 세웠다 하더라도 말하지 않는다. "나 내일부터 공부하려고 해"라고 밝히는 순간부터 부모에게 받을 심리적 압박이 부담스럽기 때문이다.

"문제집은 뭘로?"

"왜 오늘부터는 아니야?"

우리 모두 알다시피 세상에 변하지 않는 것은 없다. 계획을 실행하기 전에 아프거나 내일이 되면 그저 공부할 마음이 사라질 수도 있다. 또는 공부했는데 성적이 안 오르면 주변 사람이 자신을 측은하게 여기거나 놀릴 수도 있다. 그래서 바라는 것이 있는 사람은 계획적으로 실행하기 전에 여러 가지 가능성을 검토한다. 이렇듯 사람들은 자신의 의도를 밝히는 일에 신중하고 때로 숨기기 때문에 다른 사람의 의도를 정확하게 알기는 어렵다.

의도는 행동의
바로미터

'의도하다'와 같은 의미로 사용되는 또 다른 말은 '계획하다' 혹은 '결정하다'다. 어떤 의도가 있다는 것은 어떤 목적을 이루려고 어떤 행동을 할 것이라는 뜻이다. 행동과 가장 가까운 마음 상태이기 때문에 행동을 설명하거나 이해하고 싶을 때 "의도가 뭐야?" 혹은 "목적이 뭐야?"라고 질문한다.

아이가 평소와 달리 청소를 하거나 지시를 잘 따를 때, 부모는 "너 무슨 의도가 있지? 원하는 게 뭐야?"라고 묻는다. 아이가 원하는 것은 게임기일 수도 있고 혹은 부모가 기뻐하는 것일 수도 있다.

잠깐 아이의 마음속으로 들어가 보자. '게임기를 갖고 싶어'(바람), '엄마는 게임기를 살 능력이 있어'(믿음1) 그리고 '엄마는 기분이 좋을 때 돈을 잘 주지'(믿음2). 바람과 두 개의 믿음이 함께 작용함으로써 아이는 구체적인 행동 계획을 세운다. '엄마/아빠가 좋아하는 일을 한 후 게임기를 사달라고 말해야겠다'(의도, 행동 계획). 아이가 게임기를 갖고 싶다는 바람을 갖고 있지만, 부모에게 재정적 여유가 없다고 믿으면, 실제 행동으로 옮기지 않거나 아르바이트를 찾는 등다른 행동 계획을 세울 수도 있다. 단순히 바람만으로 행동을 설명할 수는 없다.

의도와 바람은 다르다. 우리는 어떤 배우나 운동선수가 성공하기를 바라지만, 그들의 성공을 위해 어떤 행동도 하지 않고 단지 그런 날이 오기를 기다린다. 그렇지만 바람이 의도가 돼 행동으로 옮기기도 한다. 어떤 배우나 운동선수가 성공하도록, 그 사람의 작품을 SNS를 통해 홍보하거나 선수가 더 나은 훈련을 받을 수 있도록 금전적 후원을 할 수 있다. 바람과 의도의 차이는 어떤 가수를 좋아하는 것과 그 가수의 팬클럽으로 활동하는 것 간의 차이다. 이처럼 누군가의 의도(계획)를 알면 그 사람의 미래를 보다 정확하게 예측할 수 있다.

그렇다면 사람들은 자신의 의도를 정확하게 알고 있는가? 대체로 그럴 것이다. 계획 수립은 의식적인 과정이기 때문이다. 반면에 자신의 바람이나 믿음이 무엇인지 모를 때가 종종 있다. 특히 믿음은 겉으로 잘 드러나지 않는다. 이런 숨겨진 바람과 믿음을 알 수 있는 방법이 있는데, 의도를 이용하는 것이다. 의도는 이런 바람과 믿음에서 나온다. 그래서 우리는 때로 의도에서 시작해 거꾸로 올라가서 믿음과 바람을 알아낼 수 있다.

의도 '아이를 보호하려고 학교까지 데려다줄 계획이다.'
바람 '나는 내가 좋은 엄마/아빠이길 바란다.'
믿음 '좋은 엄마/아빠는 항상 아이를 위험으로부터 보호한다.'

아이들도 의도를 중요하게 생각한다

일반적으로 사람은 언제부터 다른 사람의 '의도'를 아는가? 예상보다 훨씬 더 어릴 때부터 다른 사람의 의도를 알아챘다. 심지어 18개월 아기도 우연히 성공한 행동보다 의도했지만 실패한 행동을 따라한다. 의도와 우연을 구분한 것이다!

한 연구에서 연구자들은 아이에게 성인 여성이 막대를 구멍에 끼우는 영상을 보여 주었다. 한 집단의 아이들은 끼울 의도가 있었지만 실패하는 여성을 보았다. 이 여성은 작은 구멍에 막대를 끼우려고 애쓰다가 실패한 후 안타까운 표정을 지으며 "잘 안 들어가네"라고 말한다. 다른 집단의 아이들은 우연히 막대를 구멍에 끼운 여성을 보았다. 이 여성은 구멍에 막대를 끼운 후 "어!"라며 놀라서 웃는다. 서로 다른 영상을 본 아이들 중에 실제로 장치를 주었을 때 막대를 구멍에 끼우려고 시도한 쪽은 노력했지만 실패한 여성을 본 아이들이었다.

또 다른 연구에서는 아이들이 로봇과 사람의 행동을 모방하는 정도를 비교했다. 이때 로봇은 과제에 성공했고 사람은 실패했다. 아이들은 로봇보다 실패한 사람의 행동을 더 많이 모방했다. 이 연구 결과들을 보면 18개월 아기도 결과가 아니라 의도에 초점을 맞추고 있으며, 의도는 로봇이 아닌 인간의 특성이라는 것을 알고 있는 듯하다. 우리는 아주 오래전부터 의도를 읽고 있었다. 왜냐하면 다른 사람의 의도가 살아가는 데 진짜 중요하기 때문이다.

의도를 분명하게
드러내는 대화하기

의도를 보여 주는 것이 위험할 때도 있지만, 많은 경우에 우리는 상대에게 의도를 분명히 드러내고 표현함으로써 긍정적인 결과를 얻을 수 있다. 특히 의도를 읽는 데에 미숙한 아이와 대화하려는 부모라면 분명하게 의도를 밝히는 것이 좋다.

앞에서 보았듯이, 우리는 상대의 표정과 몸짓을 통해 상대의 마음을 읽는데, 아이들은 능숙하지 못할 뿐 아니라 몸짓과 표정은 때로 애매하거나 부정확한 단서이기 때문에 마음을 읽지 못하거나 오해할 수 있다. 예를 들어, 화가 난 부모가 안 그런 척하면 아이는 부모가 겉으로 드러낸 표정과 행동이 진짜라고 오해할 수 있다.

아이의 오해를 일으키는 또 다른 요인은 부모의 서툰 몸짓과 표정이다. 예를 들면, 아이와 놀고 싶은 아빠가 "○○아, 이리와!"라고 말하는 상황을 떠올려 보자. 아빠는 화난 표정이고(우리나라 사람은 대개 무표정하고, 우리는 자주 무표정을 화난 것으로 해석한다) 목소리는 너무 크다. 아이는 아빠의 말과 행동을 어떻게 해석할까?

아빠가 나를 부르는 의도는 무엇일까? 나에게 좋은 일이 일어날까, 아니면 나쁜 일이 일어날까? 일단 표정과 목소리는 좋지 않은 신호다. '아빠가 날 혼내려고 부르는구나!' 아이는 아빠 곁으로 가기를 주저한다.

만일 아이가 아빠의 표정을 보지 못했고 목소리 톤에 주목하지 않았다면, 아이는 이전 경험에 근거해서 해석할 것이다. '선물을 주려고 하네!', '재미있는 일이 일어나서 나에게 보여 주려고 하는구나!' 혹은 '심부름을 시키려고 하는구나!', '내가 뭘 잘못해서 혼내려는 거야' 등.

아빠는 아이와 놀아 주려는 의도로 불렀지만, 아빠의 의도를 오해한 아이는 주저하며 느릿느릿 움직인다. 오기 싫은 듯한 아이의 행동을 보고 아빠는 섭섭함을 느낌과 동시에 자신의 지시를 따르지 않는 아이에게 화가 난다. 처음 의도는 어느새 뒷전으로 밀려난다.

아빠가 처음부터 "○○아, 아빠랑 놀자. 아빠는 ○○이랑 놀고 싶어! 아빠가 재미있는 놀이를 준비했지"라고 말했다면, 아이에게 아빠의 마음이 분명하게 전해졌을 것이다.

숨은 의도를
드러내는 방법

우리는 거절당하면 상처를 받는다. 누구에게 거절당하든 마찬가지다. 심지어 우리는 반려견이나 컴퓨터와 같은 기계에게 거절당해도 우울해지거나 화가 난다. 그러니 아이에게 거절당한 부모가 상처받는 것은 자연스러운 일이다. 아이뿐 아니라 집에서 기르는 반려견의 행동에도 상처받는다. 그럴 수 있다. 이때 중요한 것은 부모도 아이에게 거절당하는 것이 불편하거나 거부당하는 것이 무서워서 자신이 의도를 숨길 수 있다는 것을 깨닫는 것이다.

두려움의 정체를 알면 대처할 수 있다. 아빠가 의도를 보여 주면 아이는 자신의 마음을 보여 준다. 아빠가 함께 놀려고 부르는 것이라고 말하면, 아이도 '아빠가 싫어서'가 아니라 자신을 혼낼 것이라고 생각했다고 말할 것이다. 이제 아빠는 아이가 주저한 이유를 알게 됐다. 이처럼 아빠가 자신의 두려움에 맞서면 어색한 상황을 만든 책임을 아이에게 돌리고 화를 내는 것을 피할 수 있다. 아이와 함께하는 상황에서는 의도를 정확히 드러냄으로써 얻는 것이 더 크다! 부드럽고 친절하게는 못 하더라도 자신의 마음을 분명하게 말하는 것이 좋다.

때로는 아주 단순하고 분명해 보이는 질문에도 우리는 숨겨진 의도가 있는지 의심한다. 특히 나이를 어느 정도 먹은 아이들은 "어디야?"라는 부모의 전화에 짜증을 낸다. '왜 자꾸 어디 있는지 묻는 거야?' 아이들은 이 질문에서 자신을 감시하거나 간섭하려는 부모의 의도를 읽는다. '왜 자꾸 전화하는 거지? 엄마(아빠)는 나를 믿지 못해 감시하려는 거야.'

그렇다면 부모가 전화하는 진짜 의도나 목적은 무엇일까? 목소리가 듣고 싶어서, 친구와 잘 지내는지 알고 싶어서, 공부하고 있는지 확인하고 싶어서, 혹은 위험에 빠진 것은 아닌지 불안해서 등등. 아이들이 생각하는 것보다 더 다양한 이유가 있다. "왜? 물어보면 안 돼? 말하지 못할 이유가 있어?"라고 되묻는 대신 전화한 이유나 질문 의도를 분명하게 말하는 편이 더 나을 것이다. 안전한 장소에 있는지 알고 싶어서 전화했다고 말하는 것만으로도 아이들의 오해를 풀 수 있다. 나중에 편안하게 대화할 기회가 오면 더 자세하게 말하면 된다.

"요즘 나쁜 사건이 많이 일어나서 불안해. 난 널 믿어. 그런데 오랜 시간 연락이 없으면 네가 원치 않는 상황에 빠져 있을지도 모른다는 생각이 들어. 그래서 너의 안전을 확인하려고 전화하는 거야."

대부분의 부모는 감시와 보호의 경계에 서 있다. 때로 부모의 마음은 보호를 넘어 감시의 영역으로 넘어간다. 부모 자신도 현재 자신이 어느 쪽에 있는지 혼동한다. 자신도 모르는 숨겨진 의도를 아이에게 들켰다면 빠르게 인정하는 쪽이 낫다. 어른도 때로 자기의 진짜 의도를 알아채지 못한다!

의도는 마음의 중심에 있다. 사람은 항상 다른 사람의 의도를 알고 싶어 한다. 그런데 정작 자신의 의도도 의식하지 못할 때가 있다. 예를 들면 습관적으로 하는 행동의 목적을 잘 모른다. "왜?"라는 질문에 "그냥"이라고 대답한다면, 우리는 자신의 의도를 모르는 것이다. 다른 사람이 시키는 대로 행동하는 것이라면, 당신의 의도는 '그 사람에게 인정을 받기 위한' 것일 수 있다. '나는 어떤 목적을 갖고 있는가? 이 행동을 해서 얻고 싶은 것이 무엇인가?', '나는 어떤 계획을 세우고 있는가?'라고 자신에게 물어보라. 보이지 않던 의도를 발견할 수 있을 것이다.

'네가 원하는 것을 해'라는
말의 진실

부모는 미래학자가 되어야 한다. 아이가 살아갈 미래에 가장 필요한 것은 무엇인가? 나는 아이를 위해 무엇을 해야 하는가? 아이에게 무엇을 준비시켜야 하는가? 돈을 버는 능력, 친구를 사귀는 능력, 자신을 이해하는 능력, 행복을 찾는 능력, 다른 사람의 존경을 받는 능력⋯⋯.

우리는 미래를 보고 싶지만 그럴 수 없다. 우리는 5년 후의 세상도 알지 못한다. 5년은 고사하고 당장 내일 어떤 일이 일어날지도 모른다. 단지 과거를 거울삼아 미래를 추측하거나 상상해 볼 뿐이다.

그나마 우리가 갖고 있던, 이 능력마저 점점 약해지고 있다. 과거가 미래를 예측하는 힘을 잃어가고 있기 때문이다. 급격하게 변하는 사회에서는 많은 것의 가치가 달라진다. 예전에는 가치 있는 것으로 여겨지던 지식과 기술이 이제는 쓸모없는 것이 돼 버렸다. 슬프지만 부모의 경험과 기술도 그렇다.

모든 것이 빠르게 달라지는 상황에서 부모는 이제 더 이상 분명한 목표나 길을 안내할 수 없지만, 아이가 미래를 준비하도록 최선을 다해 도우려 한다. 오늘날의 부모는 "이런 능력이 필요해", "이것을 배우면 분명 성공할 거야"라는 말 대신에 "네가 원하는 것을 해", "네가 좋아하는 것을 찾아"라고 말한다. 이 말을 하는 또 다른 이유는 아이들은 자신과 다른 삶을 살기를 원하기 때문이다. '난 내가 좋아하는 것을 하지 못했어', '난 늘 다른 사람의 바람만 만족시켜야 했어', '다른 사람이 결정한 삶을 사는 것은 불행해'. 이런 믿음이 이제 '자신이 좋아하는 일을 해야 행복하다', '자신이 원하는 대로 살아야 한다'로 바뀌었다. 그러나 이런 부모의 바람과 믿음이 행동으로 바뀌는 과정은 생각보다 힘들고 복잡하다.

> 부모: 난 네게 뭐를 하라고 말할 수 없어. 네가 알아서 해.
>
> 아이: 내가 뭘 해야 하죠?
>
> 부모: 네가 원하는 것을 해! 네가 행복한 것을 하면 돼!
>
> 아이: 그럼, 난 게임이 좋아요. 게임 유튜버가 되고 싶어요.
>
> 부모: (안 돼!) 그렇게 빨리 정할 필요 없어, 곧 되고 싶은 것을 찾게 될 거야.
>
> 아이: 난 정말 게임이 좋아요. 게임 유튜버가 되고 싶어요.
>
> 부모: 유튜버는 취미로도 할 수 있어. 유튜버 중에 너만큼 어린 사람은 없지? 너도 나중에 유튜버가 될 수 있어. 먼저 공부를 하는 것이 어때?

뭐가 되고 싶은지
모르는 아이들

아이들에게 "뭘 좋아하니? 뭐가 되고 싶어?"라고 물으면, 많은 아이가 무기력하게 대답한다. "몰라요!" 청소년학자들은 요즘 아이들이 '삶의 통제권'을 잃어버렸기 때문에 만사가 지루하고 재미없다고 느끼게 됐다고 분석한다. 아이들이 꽃길만 걷게 하겠다는 무모한(?) 결심을 한 부모는 아이의 삶을 통제하고 관리한다. 부모가 먹고 입고 자는 것뿐 아니라 누구와 놀고 어디서 공부하고 언제 집에 돌아

와야 하는지 등 아이의 거의 모든 행동과 시간을 지배한다. 이런 부모의 지나친 열정에 통제력을 빼앗긴 아이들은 무료하고 우울하다. 아이들이 어떤 환경에서 살고 있는지 안다면 그들이 무기력하게 살아가는 듯이 보이는 것도 어느 정도 이해될 것이다.

크든 작은 아이의 무기력에 어느 정도 책임이 있는 어른들은 오히려 아이들이 '너무 편해서' 열의도 도전 의식도 없다고 걱정한다. 부모들은 "아이가 뭔가 하고 싶은 것이 있었으면 좋겠다"라고 자주 말한다. 원하는 '일'을 하면서 사는 삶이 최고라고 믿는 부모는 아이가 원하는 일을 찾아 주려고 동분서주한다. 부모는 아이들에게 가능한 한 많은 경험(스포츠, 여행, 공부, 악기 연주 등)을 할 기회를 주려고 한다. 아이의 시간표가 가치 있는 일로 가득 채워져 있기를 바란다. 그러던 어느 날 아이가 게임 유튜버가 되고 싶다고 말한다면 부모는 진심으로 기뻐하면서 축하할 수 있을까?

우리는 아이에게 "네가 원한다면, 난 다 좋아!"라고 말한다. 때로 '부모로서'의 나와 '독립적인 인간으로서'의 내가 원하는 것이 다르다. 서로 다른 두 개의 바람이 대립하고 경쟁한다. 마치 두 개의 자아가 싸우는 것 같다. '독립적인 인간'으로서의 자아는 유튜버로 사는 것도 멋진 일이라고 여기지만, '부모'로서의 자아는 좀 더 나은 일 혹은 좀 더 사회적으로 인정받는 일을 찾기를 바란다.

부모에게 대립적인 두 개의 바람이 있고 계속 싸우고 있다는 것을 인식하지 못하는 아이는 때에 따라 말을 바꾸는 부모 때문에 혼란스럽다.

'도대체 어떤 말이 진짜야?', '내게 거짓말을 했어' 혹은 '내가 좋아하는 것을 하라더니, 그럴 줄 알았어. 좋은 사람인 척하지 말고 그냥 뭘 원하는지 말하는 편이 더 나아'.

아이의 이런 비난에도 불구하고 우리 마음은 여전히 복잡하다. 우리의 서로 다른 바람, 믿음 및 의도들은 서로를 보완하기도 하고 대립하기도 하고 충돌하기도 한다. 이런 복잡하고 서로 얽혀 있는 마음 사이를 뚫고 나온 것이 행동이다. 행동한다는 것은 무엇인가를 선택했다는 뜻이다. 자신의 행동을 보면 자신의 마음이 보인다.

바람은 행동의 에너지

마음 상태가 행동으로 변하는 거의 마지막 단계가 의도라면, '바람'은 첫 단계라고 할 수 있다. 무엇인가를 성취하는 행동은 어떤 것을 바라거나 원하는 마음에서 출발한다. 바람은 일종의 동기다. 동기는 사람을 움직이는 힘이다. 그렇지만 단지 동기를 갖는 것만으로는 충분하지 않다.

'난 부자가 되고 싶다', '난 행복하게 살고 싶다', '나는 네가 잘되길 바란다', '난 성공하고 싶다', 혹은 '난 여행을 가고 싶다', '난 좋은 부모가 되고 싶다', '난 세계평화를 원한다', '난 좋은 영향을 끼치고 싶다', '저 사람을 때리고 싶다', '저 사람이 실패하기를 바란다' 등. 우리는 많은 바람을 갖고 있다. 어떤 바람들은 때로 서로 부딪친다. '난 부자가 되고 싶다'와 '난 조금만 일하고 싶다' 혹은 '콘서트에 가고 싶다'와 '친구와 등산을 하고 싶다'는 바람을 동시에 가질 수도 있다. 친구와 잘 지내고 싶은 바람이 등산 가고 싶은 바람과 함께 작용하면 행동으로 옮길 힘을 얻게 될 것이다. 그러나 움직일 힘이 생겼다고 해서 바로 행동으로 이어지는 것은 아니다. 자신이 산에 오를 신체적인 능력이 있는지 그리고 어떤 등산 장비를 준비해야 하는지를 평가한 후에야 실제로 산을 오르는 행동이 실행된다. 과정이 순탄치 않더라도, 바람은 언젠가 행동으로 옮겨질 수 있는 숨은 에너지다.

모순되는 바람이 있다는 것을 인정하기

"내가 바라는 것은 여러 가지야. 네가 원하는 것을 하기를 바라고 네가 사회적으로 인정을 받기를 바라. 그리고 내가 다른 사람들에게 인정받고 싶은 바람도 있어. 그런데 이것들이 지금 싸우고 있어. 이것들을 정리할 시간이 필요해!"

우리는 서로 다른 바람 때문에 혼란을 느끼지만, 이런 상충하는 바람이 있다는 것을 항상 인식하고 있지는 않다. 바람이 그냥 마음속에만 있을 때는 일관성이 없거나 서로 상충된다는 것을 알아차리지 못한다. 어느 날은 아이에게 "네가 원하는 것을 했으면 해"라고 말하고, 다른 날은 "네가 사회적인 인정을 받았으면 해"라고 말한다. 그러다가 아이가 진로를 선택하거나 대학에 갈 나이가 되어서야 비로소 두 개의 바람이 서로 부딪친다는 것을 깨닫는다.

유튜버가 되고 싶다는 아이의 경우를 생각해 보자. 부모는 "난 네가 사회적으로 인정받는 사람이 되길 바라. 그런데 유튜버는 아직 사회적 인정을 받는 일이 아닌 것 같아"라고 말한다. 그러면 아이는 이전에 부모가 '원하는 일을 하길 바란다'는 말을 했었다는 사실을 상기시킨다. 그 순간 부모는 당황하고 창피해서 모순을 지적하는 아이에게 화를 낸다.

이 상황에서 우리가 할 수 있는 최선은 어느 정도 진정된 다음 아이와 진지하게 대화를 나누는 것이다. 우선 모순되는 바람을 갖고 있다는 것을 인정하고, 다음으로 아이에게 들킨 것이 창피했고, 아이가 자신을 공격하고 비난하는 것처럼 여겨져서 화가 났다는 것을 설명하고, 마지막으로 아이에게 화를 낸 것은 부당했음을 사과하는 것이다. "화를 내서 미안해"가 아니라 "너를 오해해서 미안해" 그리고 "네 책임이 아닌 것에 대해 너를 비난해서 미안해"다. 그리고 우리에게 남은 일은 서로 상충하는 바람의 우선순위를 정하고 필요하다면 그중 하나를 선택하는 것이다.

아이를
설득하려면

때로 우리는 바람을 의도로 잘못 해석한다. 바람은 행동 가능성이다. 행동으로 나올 수도 있고 그렇지 않을 수도 있다. 그런데 우리는 자신의 잘못된 해석을 근거로 상대를 다그친다. 우리는 의사가 되고 싶다는 아이의 바람을 의도로 해석해서, 어떤 전공을 할 생각인지 묻거나 공부 계획을 세우라고 재촉한다. 만일 아이가 이제 의사가 되고 싶지 않다고 하면, 의지가 약하다고 비난하기도 한다.

바람을 의도로 해석해서 지나치게 앞서 나간 부모는 아이를 당황하게 만든다. 의사가 되고 싶다는 것은 그저 많은 바람 중 하나에 불과하다. 부모가 바람을 의도로 해석하고 밀어붙이면, 아이의 바람은 부모의 목적으로 바뀐다. 아이는 자신의 바람에 대한 주도권을 잃고 압박감을 느낀다. 이제 아이는 더 이상 바람을 만들거나 말하지 않을지도 모른다. 바람은 바람일 뿐이라는 것을 인정할 때, 더 많은 바람이 생겨난다.

바람이 행동으로 옮겨지고 실현되려면 다소 복잡한 과정을 거쳐야 한다. 바람과 믿음과 의도는 서로에게 영향을 미칠 수 있다. 아이의 바람을 의도로 미리 해석하기 전에 다른 바람이 있는지 혹은 어떤 믿음을 갖고 있는지 알아야 하는 이유다. 예를 들어 아이가 "유튜버가 되고 싶다는 거지, 진짜 유튜버가 될지는 아직 모르겠어요"라고 말하면, 다양한 바람 중 하나로 받아들이고, 일상에서 유튜버에 대한 대화를 하는 것으로도 충분할 것이다.

아이: 유튜버가 되고 싶어요. **(바람)**

부모: 그래. 그런데 왜 유튜버가 되고 싶은 거야? **(믿음에 대한 질문)**

아이: 유튜버는 돈을 많이 벌 수 있어요.

부모: 유튜버가 되려면 필요한 일들이 있을 거야. 넌 어떤 계획을 세웠어?
　　　(의도에 대한 질문)

아이: 그냥 휴대폰만 있으면 돼요.

부모: 어떤 내용을 할 거야? **(의도에 대한 질문)**

아이: 그냥 재미있는 것을 할 거예요

　이 대화 속 아이는 실제로 행동으로 옮길 가능성이 높아 보인다. 이 상황에서 부모는 아이를 지원하거나 혹은 포기하도록 설득할 수 있다. 부모의 선택은 아이의 바람, 믿음, 의도를 얼마나 잘 아는지에 따라 달라진다. 그러면 실제로 아이가 자신의 바람을 행동으로 옮길 가능성이 얼마나 높은지 가늠해 볼 수 있다. 또한 바람을 의도로 해석하는 실수를 예방할 수 있다.

　만일 아이의 마음을 바꾸고 싶다면, 바람, 믿음, 의도 중 어느 것에 초점을 맞출 것인지 그리고 어떻게 설득할 것인지 계획을 세울 수도 있다. 의도(계획)에 초점을 둔다면, 실행 계획의 문제점에 주목하게 만든다. 성공 가능성이 낮은 이유를 구체적으로 제시하는 것이다. 다음으로 바람에 초점을 둘 때는 논리적인 논쟁은 큰 의미가 없다. 문제점이나 모순을 지적해도 바람은 달라지지 않는다. "그래 나도 알아. 문제가 있어, 그렇지만 하고 싶어"라고 말하면 끝이다. 이때는 합리적인 이유를 대기보다 기존 유튜버의 상황을 솔직하고 직접적으로 묘사하는 편이 더 낫다. 마지막으로 믿음에 초점을 두는 설득이라면 다른 믿음과 경쟁하도록, 예를 들면 '유튜버는 쉽게 돈을 번다'라는 믿음과 '나는 가치 있는 일을 하는 사람이다'라는 믿음이 경쟁하도록 하는 것이 좋다. 중요한 것은 아이의 마음을 알아야 한다는 것이다. 그래야 어디에 초점을 둘 것인지 정할 수 있다.

아이를 지원하기로 결정했을 때도 마찬가지다. 무작정 '잘될 거야'가 아니라 아이의 바람, 믿음, 의도 중 하나에 초점을 맞춰야 아이는 자신이 이해받고 있다고 느낀다.

바람과 의도를 구분하는 연습

괄호 속의 단어를 바람과 의도로 바꿔보시오.

• 난 지금 내가 얼마나 멋진 사람인지 아이들에게 _____ (보여 주다). 그래서 난 _____(기부하다).

• 난 친구들에게 내가 얼마나 자유로운 사람인지 _____ (보여 주다). 그래서 당장 바다로 _____(여행하다), 결국 난 _____(여행하다).

- 난 지금 절박한 재정 상태에 있고 가능한 많은 돈을 가능한 빨리 _____(벌다) 위험한 주식일수록 수익도 높을 것이라고 생각해. 그래서 난 고위험 주식을 _____(사다)

- 내가 알기로는 그 친구는 제주도로 _____(이사하다). 며칠 전에 내게 말을 했어.

- 내가 알기로는 그 친구는 내년에 제주도로 _____(이사하다).

※힌트: 바람은 '하고 싶다'로, 의도는 할 '계획이다'로 바꿀 수 있다.

생각과
생각한다는 것

"뭐해?"

"그냥 생각 중이야."

"무슨 생각?"

"이것저것."

이런 일상적인 대화는 자연스럽게 보인다. 만일 상대가 "무슨 소리인지 모르겠어. 제발 구체적으로 네가 지금 뭘 하고 있는지 말해줘"라고 말한다면 오히려 어색할 정도다. 사람들은 "생각 중이라고 했잖아, 생각하고 있다고"처럼 같은 말을 반복하면서 이미 충분히 설명했다는 듯 행동한다. 생각이란 단어는 워낙 자주 사용해서, 이 단어를 모르는 사람이 있을 것이라고는 상상도 하지 않는 듯하다. 우리는 아이에게도 "생각해 봐!"라고 말한다. 이 말을 들은 아이들은 눈을 감거나 손으로 턱을 괴거나 머리를 감싼다. 마치 생각하는 것처럼 보인다. 하지만 실제로 무엇을 하는지는 모른다. 아이는 그저 생각하는 어른을 흉내 내는 것일 수 있다. 그렇다면 어른들은 생각에 대해 알고 있을까?

다음은 가장 생각에 익숙한 대학생의 반응이다.

"내가 생각하라고 요구하면 여러분은 뭘 하는지를 설명해 봅시다."

예상하겠지만, 1+1=2를 설명하라는 말을 들은 것처럼 학생 대부분은 당황한다. 잠시 후(아마도 생각을 했을 것이다!) 학생들은 '떠올린다, 기억한다, 이해한다, 추측한다, 상상한다, 판단한다, 조직한다' 등으로 대답한다. 그러면 나는 각 단어를 다시 정의하라고 한다. 이렇게 꼬리에 꼬리를 물고 계속 시도하다 보면 구체적인 행동으로 정의되는 순간이 온다(학생들은 대부분 이렇게 말꼬리를 잡는 질문을 싫어한다). 이것을 심리학의 기초로서 사고 과정을 구체적 행동으로 정의하기 위한 작업이다. 그러나 이 책에서는 '생각한다'는 것이 단일한 마음 상태가 아니라 복합적이라는 것을 확인하는 것으로 충분하다. 이제 우리는 누군가 "생각 중이야"라고 말해도 무엇을 하고 있는지 분명하지 않다는 것을 알았다. 생각은 믿음, 바람, 의도 모두를 포함한다. 다른 말로 하면, 세 가지 마음 상태가 '생각'이란 단어로 대체될 수도 있다.

"난 정직이 최선이라고 '생각'해." (믿음)

"난 산에 갈 '생각'이야." (의도)

"이것이 내가 '생각'했던 그림이야." (바람)

때로 우리는 생각한다고 말하면서도 지금 자신의 어떤 마음 상태를 표현하고 있는지 모르기도 한다. 특히 생각이 믿음을 대체하고 있을 때 그랬다.

일관성 있는 행동은
믿음에서 나온다

사람의 사회적 능력을 평가하는 기준은 다양하다. 낯선 사람과 얼마나 빨리 사귈 수 있는지 혹은 관계를 얼마나 잘 유지하는지를 사교성 혹은 사회성이라고 한다. 요즘 말하는 '인싸'란 말에는 어떤 사회집단에 빨리 소속되고 적응할 수 있다는 의미가 들어 있다. 사람에게는 어딘가에 소속되기를 바라는 기본적인 욕구가 있다. '우리'라는 말 자체가 인사이더, 혹은 내집단(ingroup)에 소속되었음을 의미한다. '우리'는 같은 편이라는 뜻이고, 다른 집단(혹은 외집단, outgroup)으로부터 보호할 것이라는 뜻이다. 사람들은 살아남고자 '우리'라는 무리 속으로 들어가려 한다. 이런 바람이 '눈치'를 통해 실현되기도 한다. '눈치'는 '우리' 속에 들어가는 데 필요한 사회적 기술이다. 그런데 우리는 눈치 보고 싶지 않지만 눈치 없는 사람이 되고 싶지는 않다고 말한다. 사회적 경험이 늘어나면서, 상대의 생각이나 감정을 민감하게 알아채고 반응하는 능력이 발달한다. 이때 '눈치'는 상황에 적응하는 능력으로, 긍정적 의미다.

눈치와 유사한 심리학 개념은 '사회적 참조'다. 어떻게 행동해야 할지 잘 모르는 상황에서 다른 사람이 어떻게 행동하는지를 참고하는 것을 말한다. 외국 여행을 가거나 낯선 식당에 갔을 때 우리는 주변 사람이 어떻게 행동하는지 관찰한다. 아이는 어떻게 해야 할지 모를 때 엄마를 쳐다본다. 엄마가 웃으면 하고, 찡그리면 하지 않는다. 이 아이는 엄마를 사회적 참조로 이용하는 것이다. 이것은 새로운 것을 학습하고 발달하려 할 때 꼭 필요한 능력이다. 따라서 세상에 익숙하지 않은 아이는 계속해서 어른들을 쳐다볼 수밖에 없다.

이런 긍정적인 역할을 하는 눈치도 스트레스가 될 수 있다. 눈치를 봐야 하는 환경에서 사람들은 자율적으로 움직일 수 없다. 확고하고 안정된 규칙이나 기준이 없기 때문이다. 마찬가지로 부모가 일관성 없게 행동하면 아이들은 끊임없이 눈치를 본다. 다행스럽게도 사람들은 대부분 상당히 일관성 있게 행동한다. 일관적인 행동이 가능한 이유는 우리가 자신의 '믿음'에 따라 행동하기 때문이다.

보고 들은 것이
믿음이 된다

믿음은 자신이 보고 들은 것들에서 만들어진다. 어떤 사람이 계단을 오르는 노인을 돕거나 자리를 양보하는 것을 보고 나면 '이 사람은 이타적이다'라는 믿음을 형성한다. 직접 보지 않고 들은 이야기도 믿음의 근거가 된다.

우리가 살아오면서 누군가한테서 들었던 명언, 속담, 고정관념도 믿음이 되고, 책에서 얻는 지식, 미디어를 통해 알게 된 잡다한 정보도 믿음의 재료다. 이런 식으로 보고 들은 것으로 만들어진 믿음에서 행동이 나온다. '난 성공하려면 좋은 친구를 사귀어야 된다고 믿는다', '나는 좋은 친구는 목적이 같은 사람이라고 믿는다' 등. 아마도 이런 믿음이 있는 사람은 목적이 같은 사람을 찾으려고 인터넷에 글을 쓰기도 할 것이다.

다른 사람뿐 아니라 나 자신의 행동을 이해하고 예측하려 할 때도 믿음을 아는 것이 중요하다. '나는 어떤 믿음을 갖고 있는가?' 이 질문에 대답하기는 쉽지 않다. 믿음을 종교적 신앙이나 정치적 신념처럼 거창한 것으로 여기기 때문이다. 그러나 일상에서 내 행동을 결정하는 믿음은 '가까운 사이는 거짓말을 하면 안 된다', '말이 씨가 된다', '나는 내향적이다', '집 나가면 고생이다', '서랍 속에 연필이 들어 있다', '버튼을 누르면 전원이 들어온다'와 같은 것들이다. 워낙 익숙하고 생활 속에 깊숙이 들어와 있어 알아채지 못할 수도 있다.

간단히 말해 내가 보고 들은 모든 것이 믿음이 된다.

마음에서 행동이 나오지만, 우리는 행동을 통해 마음을 안다. 다른 사람이 어디를 보는지, 어떤 것에 접근하는지, 어떤 표정을 짓는지 보고 마음을 추측한다. 마찬가지로 우리 마음도 자신의 행동을 보고 알 수 있다. 심지어 뇌과학자들에 따르면 사람들은 행동을 먼저하고 나중에 이유를 만들어 낸다. 손을 뻗는 간단한 행동조차 손을 이미 뻗은 이후에 '컵을 잡으려고'라는 이유를 붙인다고 한다. 이것은 마음에 대한 흥미로운 관점이지만 여기서는 더 이상 다루지 않을 것이다. 다만 마음을 의식하기 힘든 이유 중 하나로만 참고할 것이다. 앞에서 말했듯이 우리는 마음 읽기의 초보자다. 처음부터 세련되고 복잡한 믿음을 모두 찾아낼 수 없다. 지금은 이 정도에서 만족하자. '믿음은 보고 들은 것에서 나온다.'

우리는 모든 것을 보고 들을 수 없다. 그래서 우리의 믿음은 불완전하고 때로 틀린다. 예를 들면, 지금 고장 난 보일러의 버튼을 누르는 사람을 보고 있다고 상상해 보라. 보일러가 고장 났다는 것을 알고 있는 당신은 "보일러 고장 났어!"라고 말할 수도 있고, "해 봤자 소용없어"라고 말할 수도 있다. '보일러가 고장 났다'는 것을 모르는 사람은 틀린 믿음을 갖고 있으며, 그 믿음에 따라 행동을 한다. '이 보일러 버튼을 누르면 공기가 따뜻해질 것이다'라는 믿음은 고장 난 상황에서는 틀린 믿음이다. 이 사람이 틀린 믿음을 갖게 된 이유는 보일러가 고장 나기 전에만 보았기 때문이다. 우리는 마음이론 능력 덕분에 이 사람의 행동을 이해하고 설명할 수 있다. 그러면 상대를 놀리거나 흉을 보기보다는 도우려는 행동을 할 가능성이 더 높아질 것이다.

마음을 읽는 능력은 점점 발달한다

우리의 마음이론 능력은 점진적으로 발달한다. 처음에는 단순하게 '상대의 마음'을 읽고 다음으로 더 복잡한 상황에서 '제삼자에 대한 상대의 마음'을 읽을 수 있다. 또한 상대의 '생각'을 읽는 것에서 상대의 '감정'을 읽는 것으로 발달한다. 발달심리학자들이 대체로 동의하는, 마음이론 능력이 나타나는 시기는 네 살 정도다(더 일찍 18개월 아기도 가능하다는 연구도 있다). 이 연령의 아이들은 물건을 다른 장소로 옮기는 것을 보지 못한 등장인물이 어떤 반응을 보일지 묻는 과제나 혹은 고양이 탈을 쓴 개를 보여주고 '개'인지 '고양이'인지 묻는 과제를 통과한다. 그리고 여섯 살 정도가 되면 다른 사람의 감정을 이해하고 예측한다. 예를 들면, 이전에는 인형을 좋아했지만 더 이상 인형을 좋아하지 않는 손녀에게 줄 선물로 인형을 사는 할머니는 설레고 기쁜 상태라는 것을 이해한다. 틀린 믿음과 감정 간의 관계를 이해하기 때문에 가능한 일이다.

이처럼 어린 나이에 다른 사람의 마음을 읽는 능력이 급격하게 발달한다는 것을 감안하면, 나이 든 아이나 어른은 당연히 마음 읽기에 능숙할 것이라고 예상하고 확신할 수 있다. 우리 모두 알고 있듯이, 사람이 어떤 능력을 능숙하게 사용할 수 있는 수준에 도달하기까지는 시간이 필요하다.

이미 네 살 때부터 마음이론 능력을 갖고 경험을 쌓은 초등학생들은 보다 세련되고 복잡한 마음 상태들을 이해하고 설명하는 능력를 갖게 된다. 유아들은 다른 사람의 마음을 읽을 수는 있지만, 왜 그렇게 생각하는지를 설명하지 못한다. 그에 비해 초등학생은 다른 사람의 바람이나 의도와 믿음 혹은 감정을 읽고, 자신의 평가나 추론의 근거를 댈 수 있다. "왜 그 아이가 너를 좋아한다고 생각하는데?"라고 물으면, "왜냐하면 계속 내게 말을 걸어. 사람들은 좋아하는 사람들에게 말을 걸고 싶어 하잖아. 그리고 내 친구가 그 애가 내 말을 하는 것을 들었대. 좋은 애라고 했다던데." 무엇보다 이들은 사람들이 상황에 따라 다른 생각이나 감정을 가질 수 있다는 것을 이해하기 시작한다.

초등학생 시기는 사춘기와 청소년기를 준비하는 시기다. 이들은 태어나서 가장 큰 사회로 들어온 새내기다. 유치원보다 더 확장된 공간에서 많은 낯선 친구와 성인(교사)에게 둘러싸여 정해진 규칙을 따라야 한다. 아이들은 친구들과 사귀고 동맹을 맺어야 하고 적을 구분해야 한다. 또한 교사의 지시대로 수행하려면 교사의 의도를 이해해야 한다. 이런 복잡한 사회생활에 마음이론 능력이 필수적으로 필요하고, 이 능력이 급격하게 발달하고 견고해진다. 초등학교 시기는 우리의 능력들이 공고해지는 때다.

이제 아이들은 다른 사람의 허세, 허풍, 거짓말(하얀 거짓말 포함), 농담, 비꼬는 말을 구분할 수 있다. 또한 서로 상충되는 믿음이나 가치를 갖거나 서로 다른 정서를 동시에 느낄 수 있다는 것도 이해한다. 예를 들면, 소풍날 구름이 가득한 하늘을 보며, 친구가 '정말 좋은 날이야!'라고 한다면, 그 말이 진짜 날씨가 좋다는 뜻이 아니라는 것을 안다. 또한 가고 싶지만 가는 길에 마주치는 개가 무서워서 놀이터에 가고 싶지 않다고 말하는 아이의 마음을 이해한다. '이 아이의 진심은 놀이터에 가고 싶은 거야.'

초등학생들은 농담이나 우스운 이야기를 좋아한다. 초등학생들이 하는 농담을 들어본 적이 있는가? 너무 직접적이고 단순해서 헛웃음이 나거나 혹은 불편한 경험을 했을 것이다. 이것은 그저 어른들의 자기중심적 기준에서 나온 평가일 뿐이다. 어른들의 세계에서와 마찬가지로 유머는 초등학생의 세계에서도 중요한 능력이다. 초등학생이 되면서 커지는 것 중 하나가 '친구들'의 중요성이다. 이제 엄마 아빠가 자신을 어떻게 보는지가 이니라 친구들이 자신을 어떻게 보는지가 더 중요하다. 아이들의 농담을 들으면 평가하거나 놀리지 말고 함께 웃어 보라. 자꾸 들으면 나름 재미있다.

어른도
완전할 수 없다

노련한 마음이론가처럼 보이는 성인도 다른 사람의 마음을 읽지 못하거나 오해하는 실수를 한다. 그것도 자주 한다. 실제로 성인을 대상으로 한 마음이론 실험에서 이런 현상이 과학적으로 증명됐다. 책상 위에 연필과 노란 봉투가 올려져 있는 방에 A라는 사람이 먼저 들어온다. 이 사람은 노란 봉투 안을 들여다보고, 봉투 안에도 연필이 들어 있다는 것을 알게 된다. A가 책상에 앉아 있는데, B라는 사람이 들어와서 맞은편에 앉는다. 나중에 들어온 사람은 봉투 안을 보지 못했다. 두 사람은 다른 역할을 하게 되는데, 지시를 하는 역할(B)과 지시를 듣고 수행하는 역할(A)이다. B가 "연필을 주세요"라고 지시한다. B가 원하는 것은 당연히 책상 위에 놓인 연필이다(봉투 속에 연필이 들어 있다는 것을 모른다). 그런데 지시를 들은 A는 책상 위에 놓여 있는 연필(B가 볼 수 있는)을 건네주기 전에 잠깐 봉투를 쳐다보거나, 심지어는 봉투를 주려고 한다. 왜 이런 일이 일어날까? 연구자들은 자기중심적인 사고 때문이라고 말한다. 다른 사람의 지식 혹은 믿음이 아니라 자신이 알고 있는 것에 근거해서 생각하는 것이다.

인지심리학자 케이사르에 따르면, 성인은 마음이론 능력이라는 멋진 도구를 갖고 있지만 사용하지 않을 수도 있다. 예를 들면, 커피를 좋아하는 어떤 남자가 선물로 에스프레소 커피 머신을 받았다고 하자. 하지만 그 남자는 드립 커피를 만드는 루틴이 있었다. 만일 드립커피 도구를 새로운 에스프레소 커피머신으로 대체한다면 새로운 루틴을 만들어야 한다. 드립커피에 익숙한 그 남자는 새로운 커피머신을 상자에 넣어두고 필요할 때 꺼내 사용하기로 결정한다. 이후 그 남자는 에스프레소를 마시고 싶을 때만 커피머신을 상자에서 꺼내고 부품을 연결하고 플러그를 꽂아 쓴다. 그러다가 귀찮아서 사용하지 않게 된다.

좋은 도구를 갖고 있다는 것이 반드시 그것을 사용한다는 의미는 아니다. 마찬가지로 우리는 네 살이면 마음이론 머신을 갖게 되지만, 어른이 되어도 여전히 '상자 속'에 넣어 둔다. 다른 사람의 마음을 읽는 것보다 내 마음과 같다고 생각하는 쪽이 더 편하기 때문이다. 지금부터 우리는 상자 속에 든 마음이론 머신을 더 자주 꺼낼 필요가 있다. 자주 사용하다 보면 편해질 것이고, 언젠가는 밖에 꺼내 놓고 매일 사용하게 될 것이다.

내 믿음을
점검하기

"내가 봤어!" 혹은 "내가 들었어!"

우리는 말이 어떤 일이 사실임을 증명한다고 여긴다. 적어도 이 말을 하는 사람은 자신이 보고 들은 것이 사실이라고 확신한다. 우리는 들은 것보다 본 것을 더 믿는다. '백문불여일견'. 누군가로부터 들은 것에는 말하는 사람의 추측과 해석이 섞여 있기 때문이다.

그럼에도 불구하고 우리의 믿음 중 상당 부분은 어디선가 누군가로부터 들은 말들에 기초해서 만들어진 것이다. '털이 긴 개는 겁쟁이래', '오늘 마트에서 공짜로 아이스크림을 준대', 'ㅇㅇ이가 네 공책을 가져 갔어', '공원 호수에서 큰 뱀을 봤어'. 이런 말들은 우리가 직접 보지 못한 세상에 대한 믿음이 된다. '우리 아이는 잘한다'라는 믿음은 아이가 잘하는 것을 직접 보았거나 다른 사람(교사)으로부터 잘한다는 말을 들었기 때문에 생겼을 것이다. 일단 믿음이 형성되면 우리는 당연하게 여기고, 더 이상 믿음의 근거나 출처를 확인하지 않는다.

때로 출처도 불분명한 말이 우리의 믿음으로 자리 잡는다. 만일 아이에 대해 편견이 있는 사람이 들려준 말로 틀린 믿음이 형성됐다면 불행한 일이다. '아이가 사회성이 부족하다'는 말을 듣고 나면 우리는 아이의 행동에서 쉽게 증거를 찾아낸다. 그렇게 '우리 아이는 사회성이 부족하다'는 틀린 믿음이 생긴다. 한번쯤 우리의 믿음을 점검해야 하는 이유다.

이 믿음은 어디에서 온 것인가? 내가 본 것인가? 누군가에게 들었는가? 책에서 읽은 것인가? 인터넷에서 본 것인가? 이런 단순한 질문만으로도 상당히 많은 틀린 믿음이 걸러진다.

아이에 대한 믿음만큼 부모 자신에 대한 믿음도 중요하다. '나는 좋은 부모이다'라거나 '나는 미숙한 부모다'라는 믿음의 근거는 무엇인가?

다음의 세 가지 믿음이 얼마나 확실한지 생각해 보자.

"나는 네가 잘하는 것을 보았어. 그래서 나는 네가 이번에도 잘할 것이라고 믿어."

"나는 네가 잘하고 있다는 말을 들었어. 그래서 나는 네가 이번에도 잘할 것이라고 믿어."

"사람들은 부모는 자식을 무조건 믿어야 한다고 말하지. 나는 그 말을 듣고 맞는 말이라고 생각했어. 그래서 나는 네가 이번에도 잘할 것이라고 믿어."

부모의 믿음이
아이에겐 압박

그리스 신화에 나오는 조각가 피그말리온은 믿음과 기대의 상징이다. 피그말리온은 자신의 이상형인 아프로디테를 실물 크기 상아 조각으로 만들었다. 그는 자신이 만든 소각상과 밥을 먹고 잠을 자며 실제 여인인 듯 대했다. 결국에는 조각상을 사랑하게 되었고 그 여인과 결혼할 수 있기를 간절히 기도했다. 이에 아프로디테가 여인상에 생명을 불어넣어 주었고, 피그말리온은 인간이 된 그 조각상과 결혼했다.

교육심리학에서는 칭찬과 기대를 받으면 기대만큼 성장하는 현상을 '피그말리온 효과'라고 부른다. 남자아이가 여자아이보다 더 수학을 잘한다는 부모의 기대가 실제로 수학 능력에서 남녀차를 만들어 냈다는 것이 연구를 통해 확인됐다. 우리가 타고났다고 여기는 성차, 인종차, 문화차 등이 실제로는 만들어 낸 믿음의 결과일 수 있다. 이때 믿음이 틀린지 맞는지는 상관없다.

피그말리온 효과는 '믿음은 맞든 틀리든 상관없이 칭찬과 기대는 효과가 있다'는 또 다른 믿음을 만들어 낸다. 전혀 근거 없거나 터무니없는 믿음도 이루어지리라 여긴다.

우리는 미래는 더 나아질 것이라고 믿는다. 긍정적인 기대를 안고 새로운 일을 시작하는 사람은 그렇지 않은 사람보다 더 나은 결과를 얻을 가능성이 높다. 이런 기대가 실패하더라도 계속 시도하도록 하는 동기가 되기 때문이다.

그러나 비현실적으로 '장밋빛 미래'를 믿는 사람의 결말이 항상 좋은 것은 아니다. 또 지나치게 높은 기대를 가진 사람은 더 자주 실패를 경험하고, 그 결과 자존감이 낮아지거나 다른 사람을 비난하게 된다. 아이의 능력과 상관없이 높은 점수를 받을 수 있다고 기대하고 믿는 부모는 아이가 노력하지 않았다고 비난한다. 더 나쁜 것은 부모의 믿음과 기대를 저버렸다는 생각에 아이가 자책하거나 자존감이 낮아지는 것이다. 부모는 "내가 널 얼마나 믿었는데", "네가 내 믿음을 배신하다니"라는 말로 아이에게 책임을 전가한다. 부모의 믿음은 분명 아이가 성장하는 동기가 되지만, 때로 부담과 압박이 되기도 한다. 부모가 해야 할 일은 때로 자신의 믿음과 기대를 점검하는 것이다. 만일 틀린 믿음인 줄 알면서도 믿기로 했다면 그 결과가 어떻든 받아들일 준비도 돼 있어야 한다.

아이: 우리 엄마는 카레를 좋아해.

엄마: 아니야, 네가 카레를 좋아하니까 하는 거야. 네가 맛있다고 했잖아.

아이: 아니야, 한 번 그런 거지. 난 엄마가 매일 카레를 끓여서 엄마가 좋아한다고 생각했어.

엄마: 아니야, 난 잘 먹지 않아. 난 네가 좋아하는 것을 하려고 한 거야.

아이: 난 미역국을 좋아해.

엄마: 다음에는 미역국을 끓일게. 가끔 무얼 좋아하는지 물어야겠어.

아이: 좋아. 엄마는 뭘 좋아해?

아마도 한 번쯤은 이런 대화를 해 본 적이 있을 것이다. 서로 틀린 믿음을 갖고 있었고, 그 믿음이 틀렸다는 것을 아는 데까지 오래 걸릴 수도 있다. 그리고 믿음이 틀렸다는 것을 아는 과정이 이처럼 훈훈하게 끝나지 않을 수도 있다.

"여태 잘 먹더니, 말하지 그랬어?"

"나한테 관심이 없는 거지?"

"다시는 카레를 끓이지 않을 거야."

이 대화 속에는 믿음이 깨진 것에 대한 분노와 상대에 대한 비난이 들어 있다. 아이가 카레를 좋아한다는 엄마의 믿음은 틀렸다. 원래 틀렸던 믿음이 깨진 것임에도 엄마는 실망하고 화를 낼 수 있다. 반대로 틀린 믿음이 깨졌을 때 기뻐할 수도 있다. 예를 들면 친구가 배신했다는 틀린 믿음으로 화가 났던 사람이 실제로는 배신하지 않았다는 것을 알고 기뻐할 수 있다. 틀린 믿음을 이해하는 것은 자신과 타인을 인정하는 기초가 된다. 우리 모두는 틀린 믿음으로 행동할 수 있다는 것을 알기 때문에 자신과 상대의 실수를 이해하고 받아들일 수 있다.

마음을 정확히 표현하는 말로 마음을 이해하다

의도, 바람, 생각, 믿음, 상상, 추측, 감정, 정서 같은 단어를 사전에서 찾아보다가 때로 단어 속에 미처 깨닫지 못한 의미가 숨어 있는 것을 보고 놀랐다. 예를 들면, '치사하다'는 말 속에는 '수치심'이 들어 있었다. '치사하다'는 쩨쩨하고 옹졸하다는 뜻으로 풀이돼 있었는데, 한자로 恥(부끄러울 치)가 들어 있었고 영어로는 shameful로 번역됐다. "너 치사해"라는 말 안에 "부끄러운 줄 알아"라는 뜻이 들어 있다는 것을 알지 못했다. 그런 말을 들으면 그저 나를 속 좁은 사람으로 비난하는 것이 억울하고 화가 났을 뿐이다.

그래서 마음을 말하는 단어의 사전적 의미를 찾아보는 것이 더 흥미롭게 마음을 이해하는 방법일지도 모른다고 생각했다. 무엇보다 사전에 있는 뜻풀이는 우리 일상에서 나온 것이라 살아 있는 마음을 더 잘 보여 주기 때문이다. 심리학책이나 자기계발서에 나오는 단어는 서양 세계에서 온 것이라서 우리에게 딱 맞지 않는다는 생각이 들 때가 있다.

아이와 대화할 때는 마음을 표현하는 이득이 손해보다 크다는 점을 떠올려 보라. 이 단어들은 마음을 제대로 표현하는 데 도움이 될 것이다. (단어들의 뜻은 '다음' 사전을 참고로 작성됐다.)

생각하다

(사람이 무엇을 어떠하다고) 여기거나 대하다. (판단하다)

마음속으로 헤아리거나 미루어 짐작하거나 가능하여 살피다 ^{고려하다}. (계획하다)

마음속에 떠올려 그리워하다. / 마음속에 떠올리다. (회상/기억하다)

염두 ^{마음속의 맨 처음 생각}에 두다.

희망하거나 예상하다.

논리적으로 궁리하다. (사유하다)

일정한 기준으로 따져서 판단하다. (평가하다)

바라거나 꾀하다. (원하다)

일이 잘못되지 않을까 불안하여 여러 가지로 헤아리다. (걱정/염려하다)

상대를 고려해서 너그럽게 봐주다. (배려하다)

사실인지 분명치 않지만 임시로 사실인 것처럼 정하다. (가정하다)

작정하여 마음먹다. (결심하다)

'생각하다'는 겉으로 보이지 않는 머릿속의 거의 모든 작업을 대신 표현해 주는 만병통치약처럼 보인다. 친구가 "난 네 생각 많이 해"라고 말한다면, 정확하게 뭘 한다는 뜻일까? 나를 걱정하고 있을 수도 있고 나를 그리워할 수도 있고 나를 자주 떠올릴 수도 있을 것이다. 이 단어는 때로 정확하지 않지만 여기저기에 사용하더라도 크게 문제를 일으키지 않는다. '그럭저럭' 만족스러운 수준이다. 만일 '생각'이란 말로는 충분하지 않다고 느낀다면, 사전에 나온 뜻 중에서 적당한 것을 골라 쓰면 된다. "네가 그리워", "네가 염려돼", "너와 즐거웠던 때를 떠올려"라고 말할 수 있다. '생각'에는 너무 많은 것들이 들어 있다.

믿다

(사람이 무엇을) 믿고 따르다.

(사람이 무엇을 어떠하다고) 의심하지 않고 그렇게 여기다.

어떤 것이 존재하거나 사실이라고 생각하다.

믿는다는 말에는 의심하지 않는다는 전제가 들어 있다. 의심이 생기는 순간 믿음이 깨진다. 믿음의 이런 특징을 이용하는 사람들이 있다. 아이도 "나 못 믿어?"라는 말로 부모의 의심을 비난할 수 있다.

이런 믿음에는 의지가 들어 있다. '믿는 것이 아니라 믿어야 한다.'

그렇지만 믿음이 곧 사실은 아니다. 믿음의 핵심은 '내 믿음이 틀릴 수 있음에도 불구하고'다. "난 네가 잘 해낼 것이라고 믿어"라는 말이 힘을 갖는 이유는 실패할 수 있음에도 불구하고 성공할 것으로 여긴다는 말이기 때문이다. 실패의 가능성을 부인한 채 성공만 이야기하는 것은 아이에게 부담이 될 뿐이다.

"난 널 믿어. 때로 실패하고 좌절하겠지만 결국에는 해낼 거야."

의도하다

무엇을 이루려고 꾀하다^{이루려고 계획하거나 힘을 쓰다}.

계획이나 목적(이유)을 갖다.

"그럴 의도가 없었다"라는 말을 자주 듣는다. 이 말을 들으면 의심이 든다. 정말 그럴 의도가 없었을까? 자신의 말이 어떻게 해석될지 몰랐다면 사회성이 떨어지는 사람일 수 있다.

의도란 목적을 달성하기 위한 행동 계획을 세운다는 의미다. 누군가가 불쾌해했지만 구체적으로 어떤 사람이나 집단이 불쾌감을 느끼게 만들려고 계획한 것이 아니라면, 의도가 아니라고 말할 수 있다. 의도가 없었다면 부주의한 행동이다. 물론 우리는 불순한 의도를 가진 행동과 마찬가지로 부주의한 행동에도 화가 난다.

우리가 주의하지 못해서 생길 수 있는 오해를 예방하려면 의도를 밝히는 것이 좋다. 행동의 결과가 의도대로 되지 않았을 때 듣게 될 비판이나 조롱이 무섭다고 할지라도, 오해나 억울한 일을 당하지 않으려면 의도를 분명하게 밝혀야 한다.

예를 들면, 아이가 블록으로 집을 만들고 있는데, 엄마가 통을 갖고 다가온다. 아이는 엄마가 자신의 놀이를 방해한다고 생각할 수 있다. 이럴 때는 "블록을 잃어버리지 않게 통 안에 넣으려고 해. 네 생각은 어때?"라는 말로 아이의 불안을 없앨 수 있을 것이다. 실제로 아이는 또래보다 부모와의 활동에서 더 많은 것을 배우는데, 그 이유는 부모들이 행동하는 이유를 말하기 때문이라고 한다.

바라다

마음속으로 기대하다^{이루어지기를 믿고 기다리다}.

차지하기를 기대하다.

말 듣는 사람에게 요청하다.

무엇인가를 원하다^{기대를 가지고 바라다}.

-싶다

마음이나 의욕이 있다.

그렇게 되었으면 하는 희망이 있다.

이유가 무엇이든 부모들은 아이들이 건강한 바람, 건강한 동기를 갖기를 바란다. 그래서 이렇게 말한다. "난 네가 행복하길 바라."

그런데 부모는 그저 앉아서 기다리는 사람이 아니다. 자신의 바람을 행동으로 옮긴다. '난 네가 행복하길 바라. 행복은 좋아하는 일을 하는 것이라고 믿어. 그래서 난 네가 좋아하는 일을 찾을 수 있도록 여러 가지 경험을 할 기회를 만들 거야' 하고 결심한다. 그렇게 부모는 아이와 여행을 떠나고 체험 학습에 참가하고 여러 학원에 등록한다. 부모의 바람은 실현될까? 부모의 믿음은 틀리지 않았을까? '행복은 스스로 결정할 자유에서 나온다'라는 믿음이 있는 부모라면 다르게 행동할까?

시간이 지나면 아이와 의사소통이 힘들어지는 시기가 온다. 그러다 보면 여전히 마음은 아이를 향해 있지만, 때로 나 자신이 더 중요해진다. 그때 자신에게 물어보자. '내가 바라는 것은 무엇인가?' 부모로서가 아니라 한 사람으로서 바람이 무엇인지 물어보면, 많은 사람들이 당황한다. 당장 실천하지 않아도 되는 것이 바람이다. 그러니 때때로 자신의 바람에 대해 말해 보는 것이 어떨까?

"난 제주도에서 살아 보고 싶어."

"난 드넓은 바다를 항해하고 싶어."

"난 내가 사랑하는 사람들을 그리고 싶어."

"난 다시 학교에 가고 싶어."

바람을 표현하는 부모를 보고 자라는 아이는 어떤 생각을 할까?

바람은 평가나 비판에서 자유롭다고 생각할 것이다. "지금 당장 해야 하는 것이 아니야. 그냥 바라는 거야. 꿈같은 거지. 누가 알아? 진짜가 될지. 진짜로 만들고 싶은 순간이 오면 그때 계획을 세우고 실현하면 돼"라고 말해 보자.

마음의 숨겨진 에너지,
감정

"화내지 말고 말해요!"

어느 날 프로그램을 개발 때문에 토론하는 중에 후배가 내게 한 말이다.

'나는 분명 화를 내지 않았다. 토론에 열중해서 목소리가 조금 커졌을 수 있지만 화를 낸 것은 아니다. 다른 사람들이 조금 더 열정적으로 토론에 참여해야 했다. 앞으로는 조용히 있을 것이다.'

집으로 돌아오는 차 안에서 이런 생각을 했고 억울한 기분이 들었다. 저녁을 먹고서도 계속 생각이 났다. 그러다가 문득 내가 화가 났었을지도 모른다는 생각이 들었다. 우선 토론 상황에서의 내 행동을 하나씩 돌이켜보기로 했다. 분명 평상시보다 목소리 톤이 높고 빠르고 컸다. 이건 화가 났을 때 하는 행동이다. 화가 났다면 이유가 뭘

까? 화를 유발하는 것은 좌절과 불공정이다. 그렇다. '다른 사람들이 내 의견에 반대했다. 내 의견이 채택되지 못하도록 방해했다' 그리고 '다른 사람은 의견을 내지 않으면서 내 의견을 비평하는 것은 부당하다. 그들은 무임승차를 하고 있다'고 생각했다. 이것이 내가 화가 난 이유였다. 자신이 화가 났다는 것을 인식하거나 인정해야 '화'를 볼 수 있고 그런 다음에야 조절할 수 있다. 하지만 그 당시에 나는 '화'를 인식하지 못했고 부정했고 그래서 계속 화를 내고 있었다. 토론이 끝난 후에도 계속 화가 나 있었다.

　부모도 아이에게 자주 화가 난다. 그것도 자주! 하지만 자신은 화를 내지 않았다고 말한다. 심지어 자신은 단지 아이를 교육한 것이며 부모로서 해야 할 일을 했다고 여긴다. 과연 그럴까? 혹시 우리는 골치 아픈 '감정들'을 제외하고 싶었던 것은 아닐까?

　때로 감정들은 예상치 못한 반갑지 않은 손님이다. 더욱이 그들은 우리의 통제에서 벗어나 있다. 그럼에도 계속해서 찾아오는 것은 그들이 어떤 역할과 기능을 하고 있기 때문이다. 우리가 해야 하는 것은 그들과 함께 잘 지내는 방법을 찾아내는 것이다.

　　인간이라는 존재는 여인숙과 같다.

　　매일 아침 새로운 손님이 도착한다.

　　기쁨, 절망, 슬픔

　　그리고 약간의 순간적인 깨달음 등이

예기치 않는 방문객처럼 찾아온다.

그 모두를 환영하고 맞아들이라.

설령 그들이 슬픔의 군중이어서

그대의 집을 난폭하게 쓸어가 버리고

가구들을 몽땅 내가더라도.

그렇다 해도 각각의 손님을 존중하라.

그들은 어떤 새로운 기쁨을 주기 위해

그대를 청소하는 것인지도 모르니까.

어두운 생각, 부끄러움, 후회

그들을 문에서 웃으며 맞으라.

그리고 그들을 집 안으로 초대하라.

누가 들어오든 감사하게 여기라.

모든 손님은 저 멀리에서 보낸 안내자들이니까.

—잘랄루딘 루미의 '여인숙',

《사랑하라 한 번도 상처받지 않은 것처럼》 중에서

사랑과 행복이라는 삶의 과제

사랑을 구체적으로
전달하는 방법

아들: 사랑해요!

엄마: 구체적인 말을 써야지.

미래가 배경인 영화 〈더 기버: 기억전달자〉 중에 나온 엄마와 아들 간의 대화다. '사랑'이란 말은 매일 마주치지만 잘 모르는 사람 같다. TV를 켜면 어느 채널에서나 사랑을 말한다. 사랑하는 사람 간의 갈등, 이별, 이혼에 대한 해법을 말하고, 새롭게 사랑하려는 사람들이 나와서 자신의 감정을 솔직하게(?) 드러낸다. 아이와 부모가 나오는 프로그램에서도 어김없이 사랑이 나온다. 세상 모든 곳에 '사랑'

이 넘쳐난다. 누구나 사랑을 알고 누구나 사랑을 말하지만, 어느 누구도 사랑을 정확하게 알지 못하는 것 같다. 사랑이 무엇인지 묻는 사람들로 넘쳐나는 이유일 것이다. 이 시간에도 누군가는 묻고 있을 것이다.

"그 사람이 날 사랑하는 걸까요?"

"엄마는 날 사랑할까?"

영화에서 엄마는 왜 아들에게 구체적으로 말하라고 했을까? 먼저 이들이 사는 미래 환경을 살펴보면, 차가운 금속과 실체가 없는 홀로그램, 구체성이 제거된 숫자로 이루어져 있다. 추상화 속에 들어온 것처럼 건물은 기하학적 형태다. 이와 반대로 사람들의 일상은 구체적이다. 편안하고 만족스러운 상태(행복)로 지내는 것을 이상으로 삼고 있다. 이들이 이상을 실현하려고 선택한 방법은 보이지 않는 마음을 볼 수 있도록 만들고 모호함을 없애는 것이었다.

마음의 고통은 애매하고 모호함에서 온다는 믿음에 기초해서 불신과 의심 그리고 오해가 없는 세상을 만들려는 의도였을 것이다. 그렇게 미래 사람들은 분노와 슬픔 같은 감정 때문에 고통받지 않고 항상 편안하고 만족스러운 상태를 유지하려고 했으며, 어느 정도는 성공한 듯 보인다(예상하겠지만, 감정을 통제할 수 없었다!). 추상적인 물리적 환경과 구체적인 심리적 환경이 상반되는 것처럼 보이지만, 둘의 공통점은 단순하다는 것이다. 만일 당신이 이런 세계에 있다면, "사랑해!"를 어떻게 구체적으로 표현할 것인가?

미래를 대비하는 건 아니지만 심리학자들은 이런 연습을 한다. 구체적이고 측정 가능하게 심리적 개념을 정의한다. 이것을 '조작적 정의'라고 부른다. 심리학자들은 인간의 마음을 측정하고 분석하고자 볼 수 없는 마음을 누구나 볼 수 있는 행동으로 바꾸어 객관적으로 관찰한다.

'사랑해'를 구체적으로 표현해 보자. 먼저 사랑에 빠진(?) 아이의 행동을 떠올려 보라. 아이는 누군가를 쳐다보고, 미소 짓고, 다가가고, 만지고, 껴안고, 입 맞춘다. "너를 사랑해", "너를 좋아해", "너 때문에 행복해"라고 말한다. 좋은 것을 주고 싶어 한다. 어릴 때는 사탕을 주고 나이가 들면 비싸거나 귀한 물건을 준다. 자신의 시간을 상대를 위해 사용한다. 어쩌면 상대를 대신해서 죽을 수도 있다고 생각한다. 이런 행동을 하고 있다면, 아이는 사랑하고 있는 것이다.

아이가 나이가 들면서 부모의 사랑 표현은 직접적인 행동이 아니라 간접적인 방식으로 바뀐다.

"널 위해 입시정보를 찾아봤어."

"여기 네가 원하던 휴대폰이야."

"제 시간에 밥을 먹어야지."

"살을 빼야지."

이 말들이 '사랑해'를 대체할 수 있을까? 아마도 부모의 모든 말에는 아이를 위하는 마음, 아이에게 도움이 되고 싶은 마음, 아이에게 빛나는 미래를 주고 싶은 마음이 들어 있을 것이다. 부모는 끊임없이 "난 널 사랑해!"라고 말하고 있는 것이다. 그런데 이 말들이 아이들에게 '사랑해'로 들리지 않는다. 심지어는 '대학이 전부야', '아빠는 내게 관심 없어, 그냥 필요한 것만 사 주지', '내 모든 것을 통제하려고 해', '엄마는 다른 사람에게 자랑할 거리가 필요한 거야'라고 오해하기도 한다. 우리는 마음에서 행동이 나온다고 믿으며, 말과 행동에서 마음을 읽는다. 자신과 타인의 감정을 읽는다. 그렇지만 모든 행동이 정확하게 마음을 전달하는 것은 아니다. 때로 사랑이 담긴 행동이 사랑을 전달하지 못한다. 불행하게도 사랑이 미움으로 오해받을 수도 있다.

사랑의 기원,
부모와 아이의 관계

우리는 하루에도 수십 번 사랑이란 단어와 마주친다. 노래나 영화 제목, 사람 이름, 교회·주유소·슈퍼마켓·주점의 간판에 사랑이 들어 있다. 사랑이 넘쳐나는 것처럼 보이지만 실제로는 사랑이 모자라서 갈구하고 있는지도 모르겠다. 어쨌든 사랑은 우리 곁에 있다. 너무 많아서 모두 같은 사랑인지 혹은 진짜 사랑이 무엇인지 궁금해질 정도다. 육개장 집이 너무 많은 곳에 가면 '원조' 육개장 집을 찾고, 원조가 너무 많으면 모든 육개장 집을 의심하는 것처럼. 원조 사랑이 있을까? 아마도 사랑은 부모와 자녀 사이에서 시작되었을 것이다. 우리는 그것을 '애착'이라고 부른다.

애착은 사랑의 시작이고 신뢰의 기초다. 애착이란 부모와 자녀 간의 긴밀한 유대감이다. 아기가 얼마나 애착을 잘 형성했는지는 사회적 발달의 지표로 이용된다. 애착이 잘 형성된 아이는 사람들과 좋은 관계를 맺는다. 이런 아이는 세상이 안전하다고 여기며, 자신과 타인을 좋은 사람이라고 믿는다. 부모와의 관계를 통해 갖게 된 이런 믿음은 친구나 연인, 더 나아가 자기 자녀들과의 관계로 확장된다. 애착의 핵심 감정은 유대감과 친밀감이다. 바로 사랑이다. 따라서 애착이 무엇인지를 알면 '사랑'의 정체를 밝힐 수 있을 것이다.

사랑은 안전기지가 되어 주는 것

아기들이 양육자와 어떤 애착을 형성했는지 알아보고자 에인스워스는 8가지 일화들로 구성된 '낯선 상황(strange situation) 검사'를 개발했다. 낯선 상황에서 양육자(대개 엄마)와 헤어졌을 때와 다시 만났을 때 아이의 행동을 관찰하는 방식이다. 특히 다시 만났을 때 아이가 엄마에게 다가가는지 그리고 곁에 머무르려고 하는지가 중요하다. 이때 아이가 보여 주는 행동이 사랑하는 사람(양육자)을 낯설고 무서운 상황에서 자신을 보호하고 안전하게 지켜줄 존재로 여기는

지를 나타낸다. 부모는 아이에게 '안전기지'다. 아이가 낯설고 두려운 상황에 처했을 때 안전하다고 믿는 곳(애착 대상 곁)에 머무르려고 하는 행동은 자연스러운 반응이다.

애착, 즉 사랑의 핵심은 '신뢰'다. 애착 대상(사랑하는 사람) 곁에 머물고 물리적으로 가까이 있는 것이 사랑의 전부는 아니다. 안정적으로 애착을 형성한 아이는 부모를 떠나 자신 있게 밖으로 나아간다. 아이가 독립적이고 자율적인 사람으로 성장하려면 스스로 세상을 헤쳐 나가야 한다. 바깥세상은 위험한 것들 천지다. 그럼에도 그 세상에서 살아가려면 도전과 탐색을 멈출 수 없다. 이때 탐험가에게 반드시 필요한 것이 '안전기지'이다. 낯선 곳을 탐색하다가 힘들고 무서울 때 언제든 돌아와 위로받고 휴식을 취할 수 있는 곳이 있다고 아이가 믿어야 더 멀리 나아갈 수 있다.

어른도 마찬가지다. 사랑하는 사람들은 상대가 자신 있게 세상을 탐색하고 성장할 자유를 준다. 이들은 서로 떨어져 있어도 불안해하지 않는다. 언제든 돌아갈 수 있다고 믿으며 힘들고 어려울 때 서로를 찾는다. 안정적인 애착을 형성하지 못한, 즉 상대를 믿지 못하는 연인들은 끊임없이 확인한다. 상대가 자신을 버릴 수 있다는 불안을 느끼며, 외출한 연인에게 수십 통의 전화와 문자를 보내기도 한다. 애착 연구 결과는 언제나 찰싹 붙어 있는 게 아니라 자유롭게 떨어져 있을 수 있어야 진짜 사랑이라고 말한다.

사랑은 상대에 따라 다르고, 달라야 한다. '사랑' 하면 떠오르는 단어를 1분 안에 가능한 한 많이 써 보라. 그 다음에는 '아이에 대한 사랑' 하면 떠오르는 단어를 1분 안에 가능한 한 많이 써 보라. 또 다음으로 '남편/아내에 대한 사랑' 하면 떠오르는 단어를 1분 안에 많이 써 보라. 이제 당신이 쓴 단어들을 같은 것과 다른 것으로 분류하고 비교해 보라. 같은 단어는 당신이 믿는 사랑의 핵심을 나타내는 반면 다른 단어는 사랑의 여러 얼굴이다. 부모는 아이를 배우자처럼 사랑하지 않는다. 친구를 배우자처럼 사랑하지도 않는다. 반려견을 아이처럼 사랑하지 않는다. 모두 '사랑'이지만 그 안에 들어가면 같지 않다. 만일 모두 똑같은 방식으로 사랑한다면 심각한 문제를 유발할 수 있다. 우리는 같으면서도 다른 방식으로 배우자를 사랑하고 아이를 사랑하고 반려견을 사랑하고, 무엇보다 자신을 사랑한다.

〈더 기버: 기억전달자〉의 엄마가 사랑을 구체적으로 말하라고 했던 이유를 알 듯도 하다. 이제 아이에 대한 부모의 사랑은, 그리고 부모에 대한 아이의 사랑은 어떤 사랑인지 생각해 볼 시간이다. 부모는 아이에게 안전기지다. 그렇다면 부모에게 아이는 어떤 곳인가?

부모의 바람이 실현되면
아이는 행복할까?

"너 자신을 알라."

이 단순한 문장은 아마도 세상에서 제일 유명한 말일 것이다. 소크라테스는 이 말이 이렇게 오랫동안 많은 사람을 혼란에 빠트릴지 알고 있었던 걸까? 그는 우리가 자신에게 이런 질문을 하게 만들었다. "나는 누구지?" 이 질문은 정말 답하기 어렵지만 우리 모두 이 질문이 어떤 삶을 살아갈지를 결정한다는 것을 알기 때문에 어떻게든 답하려고 노력한다.

나는 나 자신에 대해 무엇을 알고 있을까? 나는 무엇을 좋아하나? 나는 무엇을 하고 싶은가? 나는 무엇을 갖고 싶은가? 나는 지금 어떤 감정인가? 나는 어떤 사람인가? 그리고 어떤 사람이 되고 싶은가?

우리는 끊임없이 자신에게 그리고 다른 사람에게 나에 대해 묻는다. 어쩌면 살아 있는 동안 우리는 답을 찾으려고 헤맬 것이다.

'내가 원하는 것은 무엇인가'라는 질문은 내가 누구인지 보여 준다. '나는 집을 갖고 싶다'는 바람이 '나는 안정적인 삶을 원하는 사람'이라는 것을 의미할 수 있다. 우리는 나는 누구인가보다 내가 원하는 것은 무엇인지에 대해 더 많이 생각한다.

어떤 질문이든 하기 전에 주의해야 할 것이 있다. 앞선 평가나 비난을 하지 않는 것이다. 예를 들면, '나는 좋은 집을 갖고 싶다'라는 생각이 떠오를 때, '돈이 있어?', '집값이 얼만 줄 알아?', '정신 차려, 허황된 꿈이야'와 같은 평가를 하지 않는 것이다. 바람은 행동으로 옮겨가는 시작점이다. 가능한 한 많은 바람을 자유롭게 상상하고 떠올려 볼수록 내 가능성은 커질 것이다. 다시 말해, 우리의 바람이 우리를 어떤 사람으로 만들 수 있다.

심리학자들은 바람을 실현하는 방법을 제안한다. '나는 좋은 집에 살고 싶다'는 바람을 '내가 원하는 집은 어떤 집이지?'로 바꾸어 질문하는 것이다. 그런 다음 가능하면 구체적으로 집의 크기, 모양, 방의 개수, 창문의 크기와 방향, 집의 조명을 상상하고, 다음으로 그 집에 사는 사람들의 모습을 상상해 본다. 이런 상상 속에서 내가 원하는 '좋은 집'이 구체적인 형태를 띠게 되고, 마치 진짜 집처럼 눈에 보이기 시작한다. 구체적으로 목표를 세울수록 성취가능성이 높아진다! 아직 끝이 아니다. 가장 중요한 질문이 남아 있다. '이 집에서 살면 행복할까?'

이번에는 당신이 바라는 아이의 모습을 생각해 보라. 어떤 아이를 바라는가? 행복한 아이라면, 어떤 모습일까? 항상 미소를 짓고 세상 모든 것에 감사하고 자신이 원하는 것을 알고 스스로 하는 아이인가? 혹은 부모의 지시를 고분고분하게 따르고 공부는 집중해서 하는 아이인가? 그리고 마지막으로 만일 당신이 상상하는 아이가 된다면, '그 아이는 행복할까?' 혹은 '당신이 행복할까?'를 물어보라.

우리는 행복이라는 감정을 만들 수 있다

사람들은 행복해지고 싶어 한다. 어떤 사람들은 행복을 이루려면 집이 필요하다고 생각한다. 그들에게 집은 행복과 동의어다.

'행복은 어디에서 오는가?'라는 질문의 답을 찾으려고 시도한 사람들이 있다. 하버드대학의 성인발달연구팀이다. 연구 결과 중 일부가 조지 베일런트의 《행복의 조건》에 소개되었다(2002년에 발행되었다). 무려 72년간 268명의 삶을 추적한 결과, 행복의 조건은 결혼, 수입과 직결된 직업, 친구/사교 활동, 취미, 단체 봉사 활동, 종교, 여가 등 다양했다(연구에서 행복은 삶에 대한 주관적 만족도로 정의했다). 연구에서 확인한 여러 행복 조건 중 핵심은 사람들과의 관계였다. 행복은 물질이 아니라 사람이라는 우리의 믿음을 보여 준다.

 이제 다시 '이 집에 살면 행복할까?'라는 질문으로 돌아가 보자. 대답이 달라졌는가?

 행복에 대한 우리의 믿음은 사소한 것에도 흔들린다. 당신의 행복은 무엇인가? 행복의 조건은 무엇인가? 사람들은 저마다 다른 행복의 조건을 갖고 있다. 그것이 충족되면 행복할 것이고 결핍되면 불행할 것이라고 여긴다. 그런데 여기에는 반전이 있다. 우리가 생각하는 만큼 행복의 조건은 중요하지 않을 수도 있다.

 일상이나 TV 속에서 사람들은 '사랑하고 싶다', '사랑하는 사람을 만나고 싶다'고 외친다. 남녀노소가 자신의 연애담을 늘어놓는다. 정신과 전문의 베일언트가 인터뷰한 사람들도 사랑하면 행복하다고 말했다. 그렇다면 '연애를 하면 행복하고 연애를 못하면 불행하다'는 말은 진실일까?

 한 연구에서 '행복감'과 '연애 상태' 간 관계를 확인하려고 약간의 실험적 조작을 했다. 대학생들에게 "당신은 지금 행복한가?"와 "지금 연애를 하고 있는가?"라는 두 개의 질문을 했다. 이 질문을 통해 그들은 행복과 연애(사랑)가 얼마나 관련 있는지를 보여 주었다. 연구 주제라기에는 진부하다고 생각하겠지만, 이 연구의 핵심은 질문의 순서였다. 실험에 참가한 대학생 절반에게는 행복감의 정도를 먼저 물어보고 이어서 연애 상태를 물었고 나머지 절반의 학생에게는 반대로 연애 상태를 물은 다음 행복감의 정도를 물었다. 선 행복 ― 후 연애 질문을 받은 학생들은 행복감과 연애 상태 간 상관이 거의 없었다. 다시 말하면, 상당히 행복하다고 대답한 학생 중에는 연애를 하고 있는 사람도 있었고 연애를 하고 있지 않는 사람도 있었다. 이에 반해 선 연애―후 행복 질문을 받은 학생은 연애 상태와 행복감 간에 상관이 있었다. 연애를 하지 않는 학생은 연애를 하는 학생만큼 행복하지 않았다. 즉, 연애 상태에 따라 행복감의 정도가 달랐다. 이것은 먼저 떠올리는 우리의 상태가 다음의 상태를 판단하는 기준으로 작용한다는 것을 보여 준다.

이것을 집과 행복에 적용해 보자. 어떤 젊은 부부가 해질녘에 작은 방에 마주 앉아 밥을 먹고 있다. 부부는 집이 너무 좁고 불편해서 이사를 가고 싶지만 집값이 너무 올라서 살 수 없다는 푸념을 하고 있다. 한바탕 푸념을 늘어놓던 부부는 서로에게 묻는다. "당신 지금 어때, 행복해?" 어떤 대답을 할지 예상이 된다. 이 부부는 집이 없어서 불행하다고 믿는다. 반대로 밥을 먹으면서 "아, 좋다. 이런 게 행복이지!"라는 말로 시작했다면? 행복과 불행을 가르는 것은 대화의 디테일이다. 아주 작은 변화가 큰 행복을 가져올 수도 있다.

'행복은 성적순이 아니잖아요!'라고 외치며 게임방을 자주 찾는 아이와 항상 '성적' 이야기로 대화를 시작했다면 이제 성적이 아니라 행복으로 이야기를 시작해 보자. "라면을 먹으면 이상하게 행복하지 않니? 게임방이 아니라 집에서 먹어도 말이야."

감정은 시시때때로 변한다

사랑은 살아 있는 생물처럼 움직이고 변한다. '움직인다'는 것은 대개 사랑이 어떤 한 사람에서 다른 사람에게로 옮겨 간다는 뜻이고, '변한다'는 한 사람에 대한 사랑이 달라진다는 뜻이다. 우리는 이 사람을 사랑했다가 다른 사람을 사랑한다(물론 동시에 여러 명을 사랑하는 사람도 있다!). 또한 예전에 사랑했던 사람을 이제는 미워할 수도 있고, 반대로 싫어했던 사람을 좋아할 수도 있다. 수업 중에 학생들은 "사람이 어떻게 변할 수 있나요?"라고 묻는다. 그럼 내가 되묻는다. "사람이 어떻게 변하지 않을 수 있을까요?"

발달심리학을 전공하는 나로서는 사람은 변하지 않는다가 아니라 '사람은 태어나서 죽을 때까지 변한다'가 삶의 원칙이다. 시간은 모든 것을 변하게 만든다. 그러니 사랑이 변하는 것은 자연스러운 일이며 또한 필요한 일이다. 감정이 변하는 데 걸리는 시간은 아주 짧을 수도 있고 아주 길 수도 있다. 감정을 변하게 만드는 것은 상황의 변화일 수도, 우리의 사고의 변화일 수도 있다.

감정은 마치 롤러코스터 같다. 때로는 약하게 때로는 강하게 끊임없이 오르락내리락 한다. 아침에 눈을 뜬 순간부터 잠이 들 때까지 우리의 감정은 알게 모르게 변한다. 소설이나 드라마처럼 극적인 상황이 아니더라도 우리의 감정은 하루 종일 흔들리고 있다. 그렇게 흔들리면서 균형을 맞춘다.

객관적으로 바라보면
감정을 바꿀 수 있다

감정일기라는 것이 있다. 감정을 연구하는 사람들이 자주 이용하는 방법이다. 하루를 10구간으로 나누고, 각 구간 내에서 무작위로 컴퓨터나 휴대폰으로 신호를 보내면, 실험 참가자가 그때 상황과 감정을 기록하는 방법으로 감정에 대한 정보를 수집한다. (스스로 알람을 설정해서 시도해 보면 생각보다 재미있다.)

누군가의 하루를 따라가 보자. 아침에 눈을 뜨는 순간부터 시작한다. 종료 버튼을 눌러도 계속 울리는 알람 소리에 짜증이 났는가? 창문을 여니 새소리가 들려 기분이 좋았는가? 아침에 해야 할 일들 때문에 긴장했는가?

가족의 얼굴을 처음 보았을 때, 사랑하는 사람들을 다시 만나 반가웠는가? 눈도 제대로 뜨지 못하고 비틀거리는 아이의 모습에 웃음이 났는가? 아니면 꾸물거리는 아이에게 화가 났는가?

일어난 지 한 시간이 채 되지 않은 시간 동안에도 감정은 계속 변한다. 특별한 일이 없는데도 기분이 좋거나 나쁠 수 있다. 의식하지 못하고 순식간에 지나친 장면이나 냄새 때문에도 감정이 변한다. 화장실의 방향제 냄새, 쓰레기통에서 나는 쿰쿰한 냄새, 가지런하게 정렬돼 있는 신발, 벽에 걸린 하늘 사진 등이 우리 기분을 좌우한다. 그냥 왠지 기분이 좋은 하루가 되거나 뭔가 나쁜 일이 생길 것 같은 느낌에 사로잡힌다. 아침에 눈을 뜨면 맨 처음 보이는 곳에 행복해 보이는 물건을 두는 것만으로도 기분 좋은 하루를 시작할 수 있다.

감정은 그 자체로
좋은 것이다

감정 다루기는 파도타기와 같다. 나이가 들수록 점점 더 파도를 다루는 기술이 늘면서, 더는 파도에 휩쓸리지 않고 파도를 따라 앞으로 나아간다. 감정 다루기 기술이 늘면 거친 파도 같은 불편한 감정을 피하거나 다른 감정으로 능숙하게 전환할 수 있다.

물론 어른도 파도에 넘어지고 때로 휩쓸려서 바다 속에 가라앉기도 하지만 아이들은 대개 어른보다 더 강하게 감정을 경험한다. 감정을 다루는 기술이 없거나 관련된 뇌 영역들이 덜 발달했기 때문이다. 특히 청소년은 심한 폭풍우 속에서 파도와 맞서고 있다. 이들은 몸속에서 호르몬이 일으킨 전쟁뿐 아니라 긴장감이 가득한 현실과도 맞서야 한다. 아이들은 몇 시간 동안 작은 교실에서 교사와 친구들에 둘러싸인 채 어렵고 복잡한 문제를 풀고 어려운 단어로 가득한 글을 읽으며 집중해야 한다. 초등학교 아이들에게 학교에 대한 상상화를 그리게 했더니, 전투기를 타고 학교에 폭탄을 터뜨리는 그림을 그렸다고 한다. 충분히 이해가 된다(어떤 부모나 교사는 아이의 폭력성을 걱정할지도 모르겠다).

감정은 세상에서 일어난 사건에 대한 반응으로만 그치는 것이 아니다. 세상의 해석하고 이해하는 일에도 적극적으로 관여한다. 우리는 감정을 기준으로 세상을 평가한다. 세상을 두려워하는 사람은 실제로 세상은 도처에 위험이 도사리고 있는 전쟁터 같다며 밖으로 나가길 거부한다. 이 사람이 말하는 위험한 세상의 증거는 자신의 두려움이다. "내가 무서워하는 것을 보니 세상은 무서운 곳이다." 이 주장이 웃길지도 모르지만, 우리도 때로 재미있는 것은 좋은 것이고 짜증나는 것은 나쁜 것이라고 평가한다. 그러나 감정을 다루는 것이 어렵다고 해서 감정 자체가 나쁜 것은 아니다. 〈개는 훌륭하다〉는 프로그램 이름처럼, '감정은 훌륭하다'. 개를 키우는 보호자가 개에 대한 정확한 지식을 습득하고 적절히 훈련시켜야 하듯이 우리는 감정을 올바르게 이해하고 다루는 훈련을 해야 한다.

감정이란 무엇인가

감정은 상당 부분
통제가 가능하다

감정은 분명히 어떤 행동을 부추기는 힘이다. 감정은 그저 앞으로만 구르는 두루뭉술한 하나의 에너지 덩어리가 아니다. 분노, 기쁨, 슬픔, 두려움 등 각각의 감정은 우리를 특별한 방식으로 행동하고, 생각하게 만든다. 우리는 누구에게 부탁해야 할 때 그 사람의 감정 상태를 살핀다. 예를 들면 보험은 사람들이 느끼는 두려움을 공략한다. 당신이 보험판매원이라면 두려움이 많은 사람을 찾아낼 것이다.

사람들은 때로 감정에 사로잡혀 평소에는 하지 않던 행동을 하고 후회한다. 감정을 주체할 수 없거나 감정 조절이 되지 않아서 일어난 일이니 이해해 달라고 말하는 사람에게 우리는 어느 정도 관용을 베푼다. 우리 모두 감정을 통제하기 어렵다는 믿음을 갖고 있기 때문이다. 그러나 감정에 대한 경험적 연구 결과가 쌓이면서 사람이 감정을 완전히 통제하거나 조절하지 못하지만 상당 부분 통제할 수 있다는 것을 알게 됐다.

성적에 들이는 비용
vs. 감정에 들이는 비용

감정은 오랫동안 심리학자의 관심 밖에 있었다. 감정은 인간이 아닌 동물의 특성이라고 여겼다. 그러나 감정은 이제 거의 모든 심리학 영역에서 중심 자리를 차지하고 있다. 지금 이 순간에도 많은 심리학자가 감정의 비밀을 밝히고자 연구하고 있다. 감정의 기원, 감정의 종류, 감정의 발달, 문화차, 감정과 사고 간의 관계, 감정과 범죄 간 관계, 감정 조절 등 다방면에서 매일매일 새로운 사실이 밝혀지고 있다.

연구의 주제가 된다는 것은 사회적 관심사가 되었다는 의미이기도 하다. 학문의 사회적인 기여라는 거창한 목표는 차치하고, 실제로 연구를 수행하려면 재정적인 지원이 있어야 한다. 또 연구자들은 그 경력으로 취업을 하려 한다. 노골적으로 말하면, 많은 연구자가 돈이 되는 연구를 하고 싶어 한다. 사람들은 가치가 없는 것에 돈을 지불하지 않는다. 감정에 대한 연구가 늘고 있다는 것은 감정이 사람들의 관심을 끄는 사회적 이슈가 되기 시작했고 감정에 비용을 기꺼이 지불하려는 사람들이 생겼다는 의미다. 물론 우리는 여전히 감정보다 지능이나 학습 같은 사고 영역에 훨씬 더 많은 돈을 지불한다. 성적을 올릴 수 있다면 수십만 원의 학원비나 과외비는 고민하지 않고 지불하지만 아이들의 감정 문제를 해결하는 데 필요한 상담 비용은 아깝게 생각한다. 그러나 최근 들어 우울이나 분노조절장애, 대인공포증이나 불안장애, 공황장애와 같은 말이 특정 범죄나 사건과 함께 일상에서 자주 거론되면서, 자신과 다른 사람의 감정에 대한 관심이 커졌다. 그런데 우리는 이미 오래전부터 감정에 관심을 갖고 많은 돈을 지불하고 있었다. 스트레스라는 말을 알고 있는가? 물론 잘 알고 있을 것이다. 또한 스트레스가 건강, 인간관계, 직장이나 가정에서의 의사결정과 문제해결 등에 부정적인 영향을 미친다는 것도 알고 있을 것이다. 이 스트레스의 중심에는 분노와 슬픔과 두려움이 자리잡고 있다. 여기서 주목해야 할 것이 있다. 스트레스라는 두루뭉술한 이름은 개별 감정의 정체를 가린다. 감정의 정체를 알지 못하면 통제하거나 조절할 수 없다. 이제 감정의 정체를 밝혀야 할 시간이 되었다.

감정의 정체를
밝히는 문장

짧은 글로 복잡한 감정의 모든 것을 밝히는 것은 무리다. 그래서 욕심을 접고 감정을 말할 때 도움이 되는 기본 원리와 특징 몇 가지만 살펴볼 것이다. 보면 알겠지만, 이미 우리가 아는 문장 속에 감정의 정체를 밝힐 만한 단서가 들어 있다.

'눈에서 멀어지면 마음에서 멀어진다.' 감정은 자극에 대한 반응이다. 감정을 느낀다는 건 우리를 기쁘게 하고 화나게 하고 슬프게 하고 두렵게 하는 무엇인가(자극)가 있다는 말이다. 그런 자극이 나타나면 감정도 나타난다. 반대로 그런 자극이 사라지면 감정도 사라진다는 뜻이기도 하다. 예를 들면 등산을 하던 중에 수풀 속에서 뱀을 발견하면 무섭지만 뱀이 사라지면 무서움도 사라진다. 대개는 그렇다. 그래서 감정을 조절하려면 그 자극으로부터 멀어지라고 말한다. 만일 자극이 사라진 후에도 상당히 오랫동안 감정에 갇혀 있다면 그 이유는 우리가 계속해서 그 자극에 대해 생각하고 있기 때문이다. 뱀은 사라졌지만, 다시 나타날지도 모른다고 생각하면 등산을 하는 내내 불안하다. 풀이 흔들리는 것을 보고 깜짝 놀란다. 풀이 뱀을 연상시키기 때문이다.

'무서워서 도망가는 것이 아니라 도망가서 무서운 것이다.' 행동이 감정을 유발할 수 있다. 감정이 아니라 행동이 먼저다. 어떤 자극을 만났을 때 어떤 행동을 하는지가 감정을 결정한다. 길가의 잎사귀가 흔들리면 일단 뒤돌아 뛰는 사람도 있고, 다가가서 만져 보는 사람도 있다. 도망가는 사람은 공포를, 다가가는 사람은 호기심을 느낀다. "행복해서 웃는 것이 아니라 웃어서 행복한 것이다"라는 말도 같은 이야기를 하고 있다. 실제로 한 연구에서 사람들은 웃는 표정을 짓는 것만으로도 세상이 더 행복하고 더 재미있다고 느꼈다.

'생각할수록 기분이 나쁘다.' 생각이 감정을 유발할 수 있다. 우리는 감성과 이성을 분리하고는 이 둘이 서로 대립한다고 믿는다. 만약 "나 좋아해?"라고 물었는데 "좋아하지!"라는 대답이 돌아오기 전에 잠깐이라도(1초라도) 시간의 틈이 있으면, 상대의 진심을 의심한다. 틈이 있다는 건 느낀 것이 아니라 생각한 것이라고 의심하기 때문에 진짜 좋아하는 '감정'이 아니라고 판단한다. 감정이라는 도자기에 작은 생각 티끌이 들어오면, 도자기는 불량이어서 가치가 떨어진 것이다. 심지어는 깨 버려야 하는 것이라고 여긴다. 하지만 우리의 감정 속에는 기본적으로 '생각'이 들어 있다.

감정을 느끼는지,
느낀 게 감정인지

우리는 감정을 '느낀다'라고 말한다. 그러려면 스스로 알아챌 만한 신체 감각의 변화가 있어야 한다. 감정을 표현할 때 '얼굴이 붉어진다', '소름이 끼친다', '속이 메슥거린다'고 말한다. 신체 감각의 변화는 감정의 핵심적인 요소이지만 다양하지 않다. 예를 들면, 언제 소름이 돋는지 생각해 보라. 무서울 때, 놀랐을 때, 추울 때, 경이로운 경험을 했을 때 모두 소름이 돋는다. 또 신체 변화만으로 어떤 경험을 했는지 알 수 없다. 신체 변화가 감정을 결정하는 것은 아니다. 실제로 어떤 감정을 경험할지는 신체 변화를 어떻게 해석하는지에 달려 있다.

유명한 출렁다리 실험이 있다. 출렁다리를 건너면서 심장박동이 빨라진 사람은 어떤 사람을 만나는지에 따라 다른 감정을 경험한다. 가슴이 두근거리는 상태에서 이성을 만나는지 동성을 만나는지 따라 두근거림은 호감이 될 수도, 경계심이 될 수도 있다. 실험에서는 다시 만날 의도가 있는지로 호감을 측정했다. 다리를 건넜을 때 실험보조원(이성)이 설문조사를 빌미로 접근한 다음 추가 실험을 위해 연구실에 올 수 있는지 물었다. 출렁다리를 건너 이성을 만난 사람은 다시 연구실을 방문하겠다고 약속했지만, 실험보조원이 동성이거나 혹은 두근거림 없이(콘크리트 다리를 건넌 사람들) 이성을 만난 사람은 연구실 방문을 거절했다. 이런 행동의 차이는 심장박동과 이성을 연결해서 호감으로 해석했는지 여부에 의해 발생했다.

여기에는 또 다른 전제가 있다. 두근거림을 해석할 다른 이유가 없어야 이렇게 해석한다는 것이다. 만일 두근거림이 출렁다리 때문이라는 걸 의식하고 있다면, 이성을 만나도 호감이 작거나 거의 나타난다. 우리는 가능하면 논리적으로 자신을 설명하려 한다.

감정은 꼭 배워야
할 능력이다

감정은 수학이나 영어만큼 중요하거나 그보다 더 중요하지만 학교에서 가르치지 않는다. 감정은 어린이집이나 유치원에서 형식적으로 배우는 정도에 그친다. 이마저 매우 제한적이다. 실제로 감정은 일상에서 일어나는 일들을 통해 알게 된다. 일상에서 배우는 지식은 학교에서 배우는 지식과 다르다. 대부분 알고 있다고 느끼지만 정확하게 설명할 수 없다. 그렇다고 아이들이 혼자서 배우도록 방임하는 것은 아니다. 교사처럼 직접 지도하는 것은 아니지만 아이 주변에는 아이를 안내하고 중재하는 역할을 하는 사람들이 있다. 그들은 아이보다 사회적 기술에 숙련된 사람들이다.

러시아의 발달학자인 비고츠키는 개인의 발달은 숙련된 사람이 초보자를 안내하는 방식으로 이루어진다고 설명했다. 우리는 어떤 영역에서는 숙련자이지만 다른 영역에서는 초보자다. 공부는 잘하지만 대인관계는 서툰 사람이 있다. 컴퓨터는 잘 다루지만 요리는 못하는 사람도 있다. 축구는 잘하지만 탁구는 못하는 사람도 있다. 또한 한 사람이 어떤 경우에는 숙련자로서 안내하는 역할을 하고 다른 경우에는 초보자로서 배우는 역할을 한다. 감정도 마찬가지다. 감정을 인식하고 표현하는 데 능숙한 사람이 있는 반면 그렇지 못한 사람이 있다. 여자와 남자가 만났을 때는 대개 여자가 숙련된 사람이고, 어른과 아이가 만났을 때는 대개 어른이 숙련된 안내자 역할을 한다.

숙련된 사람이 할 일은 초보자의 행동에서 의미(감정)를 찾아 알려 주는 것이다. 또한 자신의 감정을 정확하게 묘사함으로써 감정 모델이 되어 주는 것이다. 어른이 아이들에게 가장 좋은 안내자인 이유는 자기가 하고 있는 일을 말로 분명하게 설명할 수 있기 때문이다.

당신이 새로운 게임(카트라이더)을 배우는 초보자라고 상상해 보라. 여기 당신을 안내해 줄 세 유형의 게이머가 있다. 첫 번째 게이머는 아무 말 없이 혼자 게임을 한 다음 당신에게 해 보라고 한다. 두 번째 게이머는 당신에게 게임을 하라고 한 후 '여기서 옆으로 돌아요', '여기서 점프해요', '여기서 바나나를 쏘세요'라고 지시한다. 세 번째 게이머는 먼저 자신이 게임을 하면서 경주하는 도로가 어떤 모양인지, 왜 여기서 천천히 가야 하는지, 상대 선수의 어떤 행동에 주의해야 하는지를 설명한다. 그런 다음 당신에게 게임을 해 보라고 한다. 어떤 게이머에게 배우고 싶은가? 각자 좋아하는 학습 유형이 다를 수 있지만, 연구에 따르면 세 번째 유형의 안내자에게 배웠을 때 가장 학습 효과가 높았다.

자신이 상대보다 감성에 능숙하다면 왜 어떤 감정을 느끼는지 정확하게 알려 주고, 상대가 자신보다 능숙하다면 왜 어떤 감정을 느끼는지 정확하게 말해 달라고 요청하라. 두 사람이 함께 성장하는 방법이다.

"나는 이 일이 무서워. 나에게 위협이 될 거라는 생각이 들어. 진짜가 아닐지도 모르지만, 지금은 그렇게 생각돼."

이런 과정을 거치면서 우리의 감정 능력은 발달한다.

사용해야
자기 것이 된다

아무리 비싸고 좋은 기계를 사도 사용하지 않으면 구석에서 먼지만 쌓이다가 결국 쓰레기로 버려지듯이, 새로운 지식도 일상에 적용하지 않으면 쓸데없는 지식이 되고 서서히 잊힌다.

흥미로운 점은 어떤 지식을 배울 때 흥미가 있었는지 지루했는지는 상관없이 우리가 배운 것들을 기억한다는 사실이다. 흥미 있는 책을 더 잘 이해할 것이라는 직관적인 믿음이 틀렸다는 것을 밝힌 연구도 있다. 우리는 흥미로운 책을 더 빨리 끝까지 읽겠지만, 지루하거나 흥미 없는 책도 읽은 내용은 이해한다. 억지로라도 읽기만 하면 우리에게 남아 있다는 말이다. 우리가 모르는 우리의 능력이다! (비록 이 책이 재미없더라도 읽으면 기억에 남을 것이다!)

이제 남은 일은 우리 스스로 알아낸 지식을 사용하는 것이다. 아이는 기억하는 방법을 배워서 알고 있지만 실제 기억 문제에 사용하지 않아서 실수하곤 한다. 이런 현상을 생산결함이라고 한다. 마찬가지로 만일 감정에 대해 알게 된 지식을 실제로 사용하지 않으면 감정 문제에 제대로 대처하지 못하는 결함을 보일 것이다.

감정 지식
활용법

지금까지 알게 된 감정 관련 지식을 이용해 아래 상황을 설명해
보라.

어느 비 오는 날 오후에 소파에 앉아 휴대폰으로 여행지를 검색하
고 있는데 계속 중단되고 오류 메시지가 뜬다. 그때 아이가 물을 쏟
았다. 가슴이 두근거리고 열이 좀 난다. 아이에게 다가가면서 "넌 왜
그렇게 조심성이 없어! 아휴"라고 말한다. 평소보다 약간 소리가 더
크고 날카롭다. 아이는 울 것 같은 표정으로 꼼짝하지 않고 그 자리
에 서 있다. "왜 울려고 그래? 울지 마"라고 하자마자 아이는 눈물을
흘리기 시작한다. 물을 닦는 동안 아이는 거실 한가운데 덩그러니
서 있다.

부모가 어떤 감정 상태인가? 원인은 무엇인가?

부모의 행동이 감정을 결정했는가?

아이는 어떤 감정 상태인가?

부모와 아이의 감정은 어떻게 변하고 있는가?

이 이야기는 어떻게 끝이 날 것인가?

당신이라면 이 상황에서 어떻게 할 것인가?

이 이야기에서 상황을 달라지게 만들 만한 지점을 찾아보자. "왜 울려고 해? 울지마"라고 말하는 순간이다. 이때 "놀랐구나, 엄마/아빠가 소리 질러서 미안해. 엄마/아빠가 다른 일로 화가 났었어. 너 때문이 아니야. 우리 같이 치울까?"라고 말했다면 상황은 달라졌을 것이다. 그러나 일상에서 이렇게 차분하게 대처하기는 어렵다. 각성된 상태에서는 생각이 좁아지고, 실수할 가능성이 높아진다. 문제가 발생했을 때 일단 아무 말도 하지 않는 전략을 택하는 편이 더 나을 것이다. '문제를 해결한 후 아이와 이야기한다'를 기본 행동 규칙으로 삼는다. 물론 이 규칙은 아이와 공유해야 한다. 부모만 알고 지킨다면, 부모가 아무 말도 하지 않는 동안 아이는 당황하거나 불안한 상태를 견뎌야 한다. 우선 물을 닦으며 진정되면 이 상황에서 부모가 어떤 감정이었는지를 말하고 나서 아이의 감정에 대해 이야기할 수 있을 것이다. 기억하라! 이처럼 강한 감정을 유발하는 상황은 부모와 아이 모두 감정에 대해 배울 절호의 기회다.

아이의 감정에 맞춰
대화 나누기

우리는 같은 일에 대해 화내고, 무서워하고, 슬퍼한다.

예를 들어 누군가 내 물건을 가져갔다고 상상해 보라. 만일 상대가 나보다 힘이 약하거나 적어도 싸워 볼 만하다고 여겨지면 '화가 난다'. 나보다 힘이 센 상대라면 '무섭다'. 또한 내 물건을 완전히 잃어버렸고 되찾을 수 없다고 판단되면 '슬프다'. 우리가 사건을 어떻게 해석하는지에 따라 우리가 느끼는 감정이 달라진다. 이처럼 같은 사건도 다른 생각과 연결되면 다른 감정을 유발한다. 표정과 감정 연구로 유명한 폴 에크만은 각각의 감정들과 연결된 특유한 사고 과정을 제시했다. 간단히 정리하면 다음과 같다.

분노 내가 원하는 것을 못 하게 방해했어! 이건 부당해! 돌려받아야겠어.

슬픔 잃어버렸어! 이제 더 이상 가질 수 없어!

기쁨 내가 원하던 것을 갖게 되었어!

두려움 나를 해칠 거야! 도망쳐야 해!

혐오 아우, 더러워! 가까이 가면 나도 더러워질 거야. 병에 걸릴 수도 있어. 멀리 떨어져 있어야지.

놀람 전혀 예상을 못했어!

죄책감 이건 내 잘못이야. 내가 옳지 않은 일을 했어. 내가 한 일을 수습해야 해.

수치심 누가 봤을까? 사람들은 나에 대해 어떻게 생각할까? 숨어야겠어.

부러움 나도 저렇게 하고 싶은데. 정말 좋겠다.

질투심 저건 원래 내 거야. 다른 사람이 갖는 것은 부당해. 내가 가져올 거야.

사건이나 자극에 대한 해석은 사람마다 다르고, 느끼는 감정도 다르다. 어떤 대상에 대해 느끼는 어른의 감정과 아이의 감정은 다를 수 있다. 예를 들면 바닥을 기어 다니는 개미가 자신을 해칠 수도 있다고 믿는 아이는 '무섭다'. 아이는 개미로부터 멀어지려고 애쓴다. 무서워하는 사람은 전형적으로 자극으로부터 멀어지려고 한다. 아이의 행동은 무서운 대상에 대한 자연스러운 반응이다.

그런데 개미가 전혀 무섭지 않은 부모는 "아냐, 무섭지 않아. 너보다 훨씬 작잖아!"라며 논리적으로 설명하려 한다. 부모의 이런 말은 이 상황에서 아무 도움이 되지 않을 뿐 아니라 더 나쁘게 만들 수 있다. 아이도 개미가 얼마나 작은지 보고 안다. 아이에게 문제가 되는 것은 개미의 크기가 아니다. 작은 개미도 자신을 해칠 수 있다는 아이의 '믿음'이 중요하다. 아이는 개미가 갑자기 커질 수 있다고 상상하며 만화영화에서 본 개미의 얼굴을 떠올린다. 아이에게 개미는 그냥 작은 곤충이 아니라 순식간에 커질 수 있는 괴물이다. 무섭지 않다는 부모의 말은 아이에게 '넌 지금 잘못된 행동을 하고 있어. 넌 제대로 생각을 못 하는구나. 난 정말 너를 이해할 수 없어'라는 메시지를 줄 뿐이다. 지금 부모가 해야 할 일은 같은 대상을 어떻게 해석하는가에 따라 느끼는 감정이 다를 수 있다는 원리에 근거해서 아이의 감정을 해석하는 것이다.

'같은 것에 대해 느끼는 감정은 사람마다 다를 수 있다. 아이는 나와 다른 사람이다. 아이가 무서워하는 것은 자연스러운 반응이다.'

부모는 아이의 감정을 인정하고 존중해야 한다. "너를 아프게 할 것 같은 생각이 들어서 무섭구나. 그럼 잠깐 엄마/아빠 뒤에 숨어서 개미가 어떻게 움직이는지 볼까? 엄마/아빠가 널 지키고 있을게"라고 말하는 편이 더 나을 것이다.

감춰야 할
감정은 없다

로봇을 연구하고 개발하는 사람들에게 물었다. 로봇에게 한 가지 감정을 줄 수 있다면 당신은 어떤 감정을 주고 싶은가? 이 물음에 대한 답은 '두려움'이었다. 두려움은 자신을 지키는 감정이다. 로봇은 인간을 대신해 위험한 상황에 투입된다. 로봇은 자신이 망가지거나 부서질 수 있는 상황에서도 뒤로 물러서지 않는다. 그 결과 우리는 값비싼 로봇을 잃는다.

로봇학자들은 여러 가지 이유에서 로봇을 잃고 싶지 않다고 했다. 이들은 두려움을 느낀 로봇이 자신을 지키기를 바랐다. 두려움은 자신을 지킬 뿐 아니라 사회를 지키는 힘이기도 하다. 두려움을 모르는 아이는 도덕성 발달이 늦는 경향이 있다는 연구 결과도 있다. 도덕성의 시작은 처벌에 대한 두려움이다. 어린아이는 〈해리 포터〉의 '도비'와 같은 상태다. 도비가 금지된 행동을 하지 않는 이유는 주인님의 매가 무서워서다. 마찬가지로 도덕성 발달의 첫 단계에 있는 어린아이는 혼나는 것이 무서워서 규칙을 지킨다(사회적인 규칙을 지키는 것이 도덕성의 핵심이며, 대부분의 규칙은 '하지 마라!'다). 칭찬을 받으려고 규칙을 지키는 것은 그 다음 단계다. 실제로 부모들은 무엇이 금지된 행동인지 가르치려고, "이건 하면 안 돼, 아빠/엄마가 맴매할 거야!"라고 말한다. 그렇게 우리는 두려움을 통해 사회적 규칙을 배운다.

부모가 자주 경험하는 아이의 또 다른 감정은 분노와 슬픔이다. 아이는 소리를 지르며 때리거나 우는 것으로 감정을 표현한다. 아이가 어린이집에 가거나 초등학교에 입학하는 시기가 되면 부모의 걱정은 점점 커진다. 때로 부모의 염려처럼 어떤 아이는 새로운 환경에 적응하지 못하고 문제를 일으키기도 한다. 자신이 원치 않은 장소에 혼자 있게 된 아이는 분노와 슬픔을 느낀다. 우리는 대개 불안이라고 부른다. 부모는 아이의 감정을 잘 다루고 싶지만 잘 되지 않는다. 이런 감정에 익숙하지 않기 때문이다.

부모는 아이의 감정뿐 아니라 자신의 분노와 슬픔에 대해서도 잘 알지 못한다. 부모 자신도 감정에 대해 배운 적이 거의 없다. 어떤 부모는 분노와 슬픔은 좋지 않으며 가능한 숨겨야 한다고 믿는다. 이런 부모는 아이의 감정과 마주치는 순간 당황하거나 화를 낸다. 부모가 알고 있는 유일한 대처 방식은 분노와 슬픔을 숨기는 것이다. 아이에게 "화내지 마", "울지 마"라고 말하는 부모는 실은 자신에게도 같은 말을 하고 있다. 이런 부모의 모습이 익숙한가? 아니면 낯선가? 실제로 많은 부모가 자신과 아이 모두 분노와 슬픔을 느끼거나 표현하기를 바라지 않는다. 그런데 왜 우리는 분노와 슬픔을 감추려 하는가? 분노와 슬픔은 나쁜 것인가? 느끼면 안 되는 감정인가? 분노도 슬픔도 없는 세상이 좋기만 할까?

두려움과 마찬가지로 분노와 슬픔도 살아가는 데 필수인 감정이다. 감정은 동기가 돼 우리를 움직이게 만들고 어느 방향으로 갈지를 결정하게 한다. 분노는 목표를 방해받았을 때, 혹은 부당한 일을 당했을 때 경험하는 감정이다. 화가 난 사람은 어떻게 반응할까? 자신을 방해한 원인이라고 여기는 상대에게 공격적인 행동을 할 수도 있고, 목표를 성취하고자 더 노력할 수도 있다. 후자는 건강한 분노이며 문제를 해결하게 이끄는 힘이다. 물론 분노의 에너지를 잘 통제할 수 있는 사람만이 가질 수 있는 힘이다.

마찬가지로 슬픔도 두 얼굴을 갖고 있다. 슬픔은 우리를 무력감에 빠뜨리거나 심지어는 죽음으로 이끌 수도 있지만, 잠깐 동안 힘든 세상에서 물러나 힘을 회복할 시간을 준다. 그런데 오늘날 우리는 슬픔을 무서워한다. 슬픔의 악명에 속아 어떻게든 빠져 나오려한다. 슬픔은 상실의 감정이다. 사람들은 상실 때문에 생긴 빈 공간을 메우려고 음식을 먹거나 물건을 산다. 실제로 소비자심리 연구에 따르면 매장에 슬픈 음악을 틀어 놓았을 때 매출이 올랐다. 슬픈 음악이 우리가 잃어버린 것을 떠올리게 하기 때문이다.

쇼핑을 하거나 새로운 사람을 만나는 것으로 슬픔은 사라지지 않는다. 인생 경험이 많은 사람이나 전문가들은 그냥 슬픔을 느끼면서 지나가게 내버려 두라고 충고한다. 슬픔에 대처하는 자세는 다른 것으로 빈 공간을 메우는 것이 아니라 가만히 있는 것이다. 슬픔은 지금 맞설 힘이 없다는 뜻이고, 잠깐 물러나라는 신호다. 두려움과 분노처럼 생존 전략이다.

이제 아이들의 두려움과 슬픔, 분노를 부정하는 대신 인정하고 그 이유에 관심을 가져야 한다.

감정을 표현하는 방법

표현하지 않으면
아무도 모른다

시인 김소연의 《그 좋았던 시간에》를 읽던 중에 책 속에서 여행을 해 본 사람이라면 공감할 만한 문구를 발견했다. 여행에서 가장 좋은 때는 돌아온 후라고 한다. 여행하는 동안은 고생의 연속이다. 집 나가면 개고생이라는 말은 여행에도 적용된다. 그럼에도 계속 여행을 떠나는 이유는 여행에서 돌아온 다음 우리 스스로 의미와 가치를 만들고 만족하기 때문이다. 여행 경험은 낯선 장소라는 긴장감이 더해져서 더 낯설고 특별하게 느껴지지만, 사실 우리는 일상에서도 비슷한 경험을 한다. 여행이든 일상이든 조금씩 스트레스가 쌓이다가 마침내 참을 수 없는 분노로 폭발하는 순간이 있다.

이른 새벽에 새로운 도시의 기차역에 도착한 채로 40리터가 넘는 배낭을 메고 숙소를 찾아 반나절을 헤매던 골목들. 작은 가방을 빼앗아 달아난 소매치기를 쫓아 뛰어가던 교차로. 꼬마들이 일제히 달려들어 내 배낭을 끌어 내리던 어떤 숙소 앞. 엉덩이를 만지고 지나가던 남자애를 끝까지 따라가 밀치고 발길질을 할 때에 나를 만류하던 사람들……. 그때 나는 두 달간에 겪었던 부당한 대우들을 모두 화풀이하겠다는 듯한 기세로 그 아이를 쫓아갔다. 내가 그렇게 화가 난 상태라는 것도, 만류하던 사람들 덕분에 정신을 차리고야 알았다. 그때 나는 길가에 털썩 앉아 소리 내어 울었다.

　　　　　　　　　　　　　　―김소연의 《그 좋았던 시간에》 중에서

우리는 일상에서 많은 스트레스를 경험한다. 스트레스는 분노, 슬픔, 두려움이 모두 들어 있는 감정적인 경험이다. 이런 감정들을 해결하지 못하면 차곡차곡 쌓인다. 그러다가 어느 날 폭발한다.

서양 속담에 '마지막 지푸라기'라는 말이 있다. 등에 잔뜩 짐을 싣고 사막을 건너던 낙타의 등 위에 주인이 무심코 지푸라기 하나를 더 얹자 기진맥진했던 낙타는 땅에 주저앉는다. 스트레스가 쌓인 사람은 사막을 건너는 낙타와 같다. 예상치 못한 사소한 일이 마지막 지푸라기가 된다. 정말 아무것도 아닌 일로 싸웠다고 말하는 사람들은 이미 한계에 도달해 있었던 것이다. 그러나 이런 갑작스러운 폭발에 당황하고 가장 놀란 사람은 그 누구도 아니고 자기 자신이다.

갑작스러운 폭발은 통제에서 벗어난 상태이기 때문에 그 모습은 감당할 수 없을 만큼 과장되고 흉측하다. 설상가상으로 당황한 우리는 당장 눈앞에 있는 사람에게 그때 느낀 감정의 책임을 묻는 실수를 저지른다. 내가 소리를 지르고 비난하게 만든 책임이 물을 쏟은 아이에게 있다고 여긴다. 주변 사람이 말한다. "뭐 그 정도로 화낼 일이야? 지나친 거 아냐?" 당사자인 아이는 억울하고 화나고 예측할 수 없는 부모가 무섭다. 물론 부모도 이런 반응이 억울할 수 있다. '내가 얼마나 힘든데. 내가 화내는 이유는 단지 이것 하나가 아니야.' 그러나 다른 사람은 모른다. 그동안 표현하지 않았다면 다른 사람은 더더욱 알 수 없다. 그동안 해온 '괜찮다'는 말은 다른 사람과 자신 모두에게 하는 말이었을 것이다. 정말로 괜찮지 않을 때 하는 '괜찮다'는 말은 나를 억울하게 만들고 다른 사람은 속았다고 느끼게 만들 수 있다. 우리가 슬픔과 분노를 느꼈을 때 표현해야 하는 이유다. 이제 우리에게 남은 과제는 슬픔과 분노가 우리의 통제권 밖으로 넘어가지 않게 하는 것이다.

감정을 다루는
능력 키우기

화를 참는 것이 좋은가 아니면 터뜨리는 것이 좋은가에 대한 논쟁은 오랜 역사가 있다. 어떤 사람은 화를 표출하면 카타르시스를 느낀다고 한다. 카타르시스는 그리스어로 '정화', '배설'을 뜻한다. 몸 안의 불순물을 배설하면 후련함을 느끼듯이, 분노와 슬픔을 쏟아 내면 이 감정들이 해소되면서 마음이 깨끗해지고 후련해진다는 것이다. 우리는 비극을 보면서 카타르시스를 경험한다. 등장인물과 동일시해 실컷 울고 나면 후련함을 느낀다. 또한 화를 참으면 '화병'에 걸린다고 하는 것을 보면 화를 드러내는 게 맞는 것 같기도 하다. 슬픔이든 분노든 쏟아 내는 것이기 때문에 그 결과로 슬픔과 분노가 줄어든다는 설명은 타당해 보인다.

그러나 다른 주장도 있다. 흐느낌이 통곡으로 변하고 싸움이 심각한 폭력으로 변하는 것을 목격하거나 경험해 봤을 것이다. 우리는 이미 무서워서 도망가는 것이 아니라 도망가서 무섭다는 것을 알고 있다. 자신의 행동이 감정이 되고, 이런 감정이 다시 더 강한 행동으로 이끌고, 그 행동이 다시 더 강한 감정으로 이끄는 악순환이 일어난다. 시간이 지날수록 감정과 행동은 모두 점점 더 강해진다. 그 과정에서 자신의 감정에 압도되고 스스로 어쩔 수 없는 지경에 이른다. 이것은 분명히 정신 건강이나 사회생활 어느 쪽에도 도움이 되지 않는다.

그렇다면 우리는 어떻게 해야 할까? 감정을 표출해야 하나 감추어야 하나? 언제나 그렇듯이 그 중간 어디쯤에 답이 있다. 중용이라고도 하고 균형이라고도 하는 수준에서 감정을 표현하는 것이다. 통제하고 조절할 수 있는 수준에서 감정을 다룰 수 있는 능력을 키워야 한다. 한마디 덧붙이자면, 완벽한 통제를 목표로 삼을 필요는 없다. 앞에서 보았듯이, 비현실적으로 높은 기대는 오히려 해가 된다.

적절하게 자기 감정을 표현하면, 자신의 정신건강에 도움이 될 뿐 아니라 대인관계에서 다툼을 줄이고 협력과 연대를 높일 수 있다. 인간이 사회적 동물이라는 주장에 반대할 사람은 없을 것이다. 인간이 살아가는 데에 다른 사람들은 절대적으로 필요하지만 때로, 아니 자주 바로 그 사람들이 스트레스의 원인이다.

다른 사람들은 우리에게 가장 큰 고통과 함께 가장 큰 기쁨을 준다. 아마도 인간이 겪는 최고의 딜레마일 것이다. 현명하게도 우리는 함께 살아가는 기술을 발전시켰고, 그 대표적 첨단 기술이 언어다. 지금처럼 정확하고 세련되며 복잡한 언어 체계가 발달하기 전에도 우리는 다른 사람들과 소통했고, 때로는 표정이 말을 대신했다. 예를 들면, 화난 표정은 이런 뜻이다. '내가 하려는 것을 방해받았다. 난 지금 매우 각성된 상태다. 난 너를 때리거나 발로 찰 수도 있다. 지금은 피하는 것이 좋을 것이다.' 이 말을 제대로 들은(이해한) 사람은 얼른 자리를 피할 것이다. 제대로 소통되면 분노의 표정은 다툼이나 싸움을 예방할 수 있다. 진화심리학자들은 다른 종보다 같은 종끼리 취하는 표정이나 몸짓을 더 잘 이해하는 것이 불필요한 싸움을 예방함으로써 종을 지키는 생존 전략이라고 한다.

감정을 표현하는 데도
규칙이 있다

화를 낼 때도 규칙이 있다. 상황과 상대에 따라 화내는 방식이 달라져야 한다. 만약 친구가 약속에 늦었다면 거기에 맞는 수준에서 화를 내야 한다. 그렇지 않으면 상대가 도리어 화를 낸다.

"늦은 건 미안한데 그래도 너무 심하잖아!"

어느 정도가 적당한지는 경험으로 알게 된다.

사회에서 인정하는 독특한 감정 표현 방식이 있다. 어떤 상황에서 어떤 감정을 어떤 강도로 표현하는지 정해 놓은 암묵적인 규칙을 '정서표출규칙'이라고 한다. 예를 들면, 상갓집에서는 아무리 슬퍼도 상주보다 더 슬프게 울면 안 된다. 조문하는 동안 우스운 장면을 보았더라도 웃으면 안 된다. 원하지 않는 선물을 받아도 실망감을 감추고 감사를 표해야 한다. 우리는 다른 사람과 어울리면서 암묵적으로 이런 규칙들을 배운다.

비교문화 연구자료들을 보면 실제로 감정 경험과 표현에 문화적 차이가 있다. 일상에서 동양과 서양 문화로 나누듯이, 문화를 연구하는 학자들은 보통 개인주의 문화와 집단주의 문화로 나눈다. 예상하겠지만 우리는 집단주의 문화에 속한다. 집단주의 문화는 집단의 조화와 발전에 가치를 두고 있기 때문에 수치심, 당혹감, 미안함과 같은 사회적 정서가 더 발달한다. 당황한 표정이나 몸짓은 자신이 의도한 행동이 아니라는 것을 알려줌으로써 상대의 분노를 예방

한다. 물론 이후 미안하다는 표현이 뒤따라야 한다.

감정에 대한
사회적 약속

집단주의 문화의 또 다른 특징은 위계적이고 수직적인 인간관계이며, 사회적 위치에 따라 표현할 수 있는 감정이 다르다. 감정의 문화 차이를 연구한 마스모토는 "분노는 윗사람의 정서이고 슬픔과 두려움은 아랫사람의 감정"이라고 한다. 우리가 사회적 위치에 따르는 강력한 힘을 지각하고 있기 때문이다.

아마도 당신은 이 말에 동의하고 싶지 않을 것이다. 당신은 아이에게 자신의 감정에 정직해야 하고 누구나 공평하게 대해야 한다고 가르치고 싶다. 그러나 또한 사회적 규칙을 지키는 것이 중요하다는 것도 알고 있다. 이것은 당신이 아이에게 감정 표현 방식을 가르치기 전에 해결해야 할 딜레마다. 실망스러운 선물을 받았을 때도 웃으며 고맙다고 인사하는 규칙은 '자기 감정에 솔직하라'는 믿음에 위배된다. 아이에게 거짓말을 하라고 가르치는 것은 아닌지 고민될 것이다.

이런 표출규칙 문제는 우리나라에만 있는 게 아니다. 거의 모든 문화에 공통적으로 존재한다. 일종의 하얀 거짓말이다. 다른 사람의 마음을 상하지 않게 하려는 배려이며 예의다. 다행스럽게도 여섯 살 정도 되면 하얀 거짓말을 이해한다. 우리가 할 일은 정서표출규칙 속에 들어 있는 다른 사람에 대한 배려를 읽고 아이들에게 알려 주는 것이다. 그것은 자신보다 더 힘이 있든 없든, 나이가 많든 적든 동일하게 적용돼야 하는 원칙이다.

우리는 여러 소집단에 속에 있고, 소집단의 문화는 서로 다르다. 가정에 따라, 직장에 따라, 학교에 따라, 종교적 집단에 따라, 친구에 따라 정서표출규칙이 다를 수 있다. 얼마나 자유롭게 자신의 생각이나 감정을 표현할 수 있는지 그리고 어떻게 표현해야 하는지가 다르다. 어떤 집단에서는 감정을 드러내지 않고 평온해야 하는 데 비해, 다른 집단에서는 말로 표현하는 것은 허용되고, 또 다른 집단에서는 행동으로 표현하도록 자극한다. 소속된 소집단의 정서표출규칙이 다르면 혼란이 온다. 가정과 학교, 종교 집단과 친구 집단 등이 서로 다른 방식을 요구할 때 각 집단의 규칙을 이해하고 집단에 따라 다른 규칙을 적용해야 한다. 부모는 집단에 따라 규칙이 다를 수 있다는 사실과 집단과 상관없이 공통적으로 지켜야 하는 규칙이 있음을 알려 줄 필요가 있다.

가르쳐야 할 정서표출규칙

당신이 아이들에게 알려 주고 싶은 '화를 낼 때 지켜야 할 규칙'은 무엇인가?

> 엄마/아빠에게 화를 낼 때
> 친구에게 화를 낼 때
> 낯선 사람에게 화를 낼 때

상대의 눈을 보아야 하는가? 삿대질을 해도 되는가? 욕을 해도 되는가? 소리를 질러도 되는가? 화가 났다고 말해도 되는가? 화가 난 표정을 지어도 되는가? 그 자리에서 떠나도 되는가?

아이의 감정을 대하는 두 가지 방법

부모가 감정을 다루는 방식은 크게 두 가지로 나뉜다. 어떤 부모는 아이의 감정을 무시하고 어떤 부모는 감정을 코칭한다. 먼저 분명히 해 둘 것은 감정을 무시한다는 말이 아이를 무시한다는 의미는 아니라는 것이다. 감정을 무시하는 부모는 아이가 화를 내거나 슬픔을 느낄 때 더 이상 느끼지 못하게 만들려고 노력한다. 가능하면 아이가 계속해서 즐겁고 편안한 감정만 느끼도록 만들고 싶기 때문에 부모는 자신이 세상을 완벽하게 정리해야 한다고 믿는다. 그런 부모에게 아동기는 슬픔과 분노를 느끼는 시기가 아니며, 무사태평하고 편안하게 지내야 하는 시기다.

　반면에 감정을 코칭하는 부모는 아이가 화를 내거나 슬퍼하면 아이를 이해하고 서로 가까워질 기회로 여긴다. 아이의 생각을 인지하고 문제를 해결하는 시간인 것이다. 이런 유형의 부모에게 아동기는 모든 감정을 경험하고 조절하는 훈련을 하는 기간이다. 우리는 아마 이 두 부모 유형 중 어느 한쪽에 조금 더 가까울 것이다.

　감정을 무시하는 부모는 아이가 편안하게 지내도록 노력하지만, 아이의 긍정적인 감정에 대해서도 거의 반응을 보이지 않는다. 그 이유는 부모가 분노나 슬픔과 같은 부정적 감정뿐 아니라 감정 전반을 다루는 능력이 부족하기 때문이다. 이들은 아이가 지나치게 감정석이 되면 불편함을 느끼고, 아이의 감정에 압도됐다고 느끼면 불안해하고 두려워하며, 자신은 감정을 다룰 능력이 없다고 여긴다. 부모의 불안은 아이를 불안하게 만들거나 불안을 확대한다. 이런 유형의 부모는 자신과 아이의 불안을 피하려고 아이의 모든 감정을 통제한다. 그리고 그 이유가 아이에게 더 편하고 좋은 세상을 만들어주기 위한 것이라고 믿는다. 하지만 이런 감정 무시와 통제는 아이의 사회정서가 발달하지 못하도록 방해한다.

감정을
통제할 수 있을까?

《정의란 무엇인가》로 잘 알려진 마이클 샌들은 우리가 삶을 통제할 수 있다고 여길 때 무슨 일이 일어나는지를 말한다. 우리는 삶에서 무엇을 선택할 수 있는가? 샌들은《생명의 윤리를 말하다: 유전학적으로 완벽해지려는 인간에 대한 반론》에서 흥미로운 예를 제시했다.

청각장애가 있는 레즈비언 커플이 자신들처럼 청각장애가 있는 아이를 원했다. 그들은 '청각장애인으로 사는 공동체의 소속감과 유대감'을 아이들과 공유하고 싶어 했다. 듣지 못하는 것이 문화적 정체성의 하나라고 주장했다. 그래서 5대째 청각장애인 가족에게서 정자를 공여받고, 청각장애 아들 고뱅이 태어났다. 또 다른 불임 부부가 있다. 그들은 아이비리그 신문에 난자 공여자를 찾는 광고를 냈다. "키 175센티미터 이상, 튼튼하고 몸매가 날씬하며 가족 병력에 문제가 없고, SAT 점수도 1400점이 넘어야 한다. 난자 공여자에게는 5만 달러를 지급할 것이다."

이 두 커플의 행동에 대해 우리는 어떤 평가를 내리는가? 둘의 선택이 아이에게 전혀 다른 결과를 불러올 것이므로 비교할 수 없다고 할 수도 있다. 그러나 여기서 샌들이 하고 싶었던 질문은 "부모가 원하는 아이를 선택할 수 있는가"다. 그는 그것이 장애이든 지능이든 성격 특성이든 한 개인의 삶에 대한 선택권을 다른 사람이 가질 수 있는가를 묻는다. 과거에는 고압적 양육방식(lowtech)으로 아이의 삶을 바꾸려고 했다면 이제는 유전공학(hightech)을 통해 원하는 아이를 선택하려고 한다. 샌들은 부모에게 자녀는 '선물'이며, 어떤 선물을 받을지를 결정하는 것은 부모가 아니라고 말한다. 즉, 여기서 말하고 싶은 것은 '아이가 꽃길만 걷게 해주고 싶은' 바람에는 '통제하려는' 의도가 들어 있다는 점이다. 아이의 생각과 감정을 통제하려는 의도는 아이 스스로 감정을 인식하고 표현하는 능력이 발달하는 데에 도움이 되지 않는다.

우리 아이의
감정 코칭하기

다시 부모가 감정을 다루는 방식으로 돌아가 보자. 감정 코칭을 하는 부모는 공감에 더 큰 목표를 두고, 가능한 한 덜 통제하고 아이와 함께 감정을 학습한다. 이때 아이의 감정뿐 아니라 부모의 감정에 대해서도 이야기한다.

다만 주의할 것이 있다. 감정 코칭이 모든 아이와 모든 상황에서 감정을 사회화하는 최적의 방식이 아닐 수 있다는 것이다. 자신의 감정을 잘 조절하지 못하는 아이라면 부모의 감정 코칭이 아이를 보호하는 효과를 내지만, 반대로 조절을 잘하는 아이라면 지나치게 감정에 집중하게 만드는 부작용이 있다. 아이가 이미 알고 있는데 부모가 계속 이야기하면, 아이는 자신의 능력을 의심한다. 부모의 지나친 관여는 아이 스스로 대처 전략을 발달시키는 데 방해가 된다. 기억해야 할 것은 어떤 아이라도 항상 감정을 잘 조절하는 것은 아니라는 점이다. 때로는 잘하고 때로는 못하는 것이 정상적인 발달 패턴이다. 혹시 '우리 애는 뭐든 잘해' 혹은 '우리 애는 항상 잘해'라고 생각하고 있는지 돌이켜 보자. '우리 애는 대체로 잘하고 있어. 하지만 때로 스스로 해결할 수 없는 순간이 올 수도 있어. 그때 도와주자'라는 정도면 충분하다.

시선으로
마음을 읽는다

- 〈티파니에서 아침을〉에서 오드리 햅번이 이른 새벽에 보석가게를 쳐다보고 있다.
- 횡단보도에 서 있는 한 남자가 누군가의 가방을 쳐다보고 있다.
- 피곤에 지친 젊은 엄마가 곤히 잠든 아기의 얼굴을 보고 있다.
- 한 남자가 나를 쳐다보며 점점 다가오고 있다.
- 엄마의 손을 잡은 아이가 하늘을 쳐다본다.
- 카페에 앉은 남자는 휴대폰을 보고 그 앞에 앉은 여자는 남자를 바라본다.
- 십대 아이가 바닷가에서 홀로 서서 검은 바다를 바라보고 있다.

위 문장 속 사람들은 어떤 생각을 하고 있을까? 어떤 감정을 느끼고 있을까? 사람들의 마음을 알고 싶을 때 우리는 그들이 무엇을 쳐다보는지에 주목한다. 사람들이 무언가를 보는 것은 그 대상을 좋아하거나 곧 그 대상에게 어떤 행동을 할 것이라는 의미다. 우리는 쳐다보는 행동 속에 마음이 들어 있다는 것을 알고 있다. 마음은 늘 누군가를 혹은 무언가를 향해 있다. 수구초심(首丘初心)이라는 말이 있다. 여우는 죽을 때 제가 살던 굴이 있는 쪽으로 머리를 둔다는 뜻이다. 머리의 방향은 여우의 마음을 보여 준다. 아마도 죽는 순간 여우는 고향 쪽을 보고 있었을 것이다. 당신은 지금 어디를 보고 있는가?

우리는 매일 낯선 사람을 만난다. 일로 만난 사람, 친구가 소개해준 사람, 길거리에서 스쳐 지나가는 사람, 마트에서 계산하는 사람, 버스에 타고 있는 사람 등. 그 이유가 무엇이든 상관없이 우리는 상대가 나를 해칠 사람인지 나를 도울 사람인지 판단해야 한다. 짧은 시간 내에 상대의 마음을 파악할 수 있는 정보를 얻어야 한다. 우리는 무의식적으로 상대의 얼굴, 그중에서도 눈을 본다. 그 시간이 너무 짧아서 보는 우리도 상대방도 거의 의식하지 못한다. 잠깐 눈이 마주칠 수도 있지만, 대개는 무시하고 지나친다. 낯선 사람을 장시간 응시하는 것은 무례한 행동이라는 건 암묵적인 사회적 약속이다. 만일 어떤 사람이 우리를 응시하고 있다는 것을 알면, 불편하고 심지어 무섭다. 길에서 일어나는 싸움은 보통 "뭘 봐?"로 시작한다. 누군가 자신을 보는 행동을 공격 의도로 읽기 때문이다.

하지만 지나치는 모든 사람을 의심하고 겁을 내며 길을 걸을 수는 없다. 이때 우리의 전략은 위험해 보이는 사람들만 선택적으로 주의

하는 것이다. 그런데 이것은 별로 효과적인 전략이 아니다. 외모만으로는 위험한 인물을 특정할 수 없기 때문이다. 차라리 우리가 오랫동안 사용했던 전략인 상대가 무엇을 보고 있는지 파악하는 편이 더 믿을 만하다. 나를 쳐다보고 있는가? 얼마나 오래 나를 보고 있는가?

눈을 보고 마음을 추측한다

눈에서 마음을
읽을 수 있을까?

얼굴은 우리 몸에서 차지하는 면적이 작은 데 비해 중요한 기관이 많이 모여 있다. 눈, 코, 입, 귀, 눈썹, 머리카락이 있고 이것 중 일부는 심지어 움직인다. 눈동자가 흔들리고 코는 씰룩거리고 입은 열렸다 닫히고 눈썹은 위아래로 춤을 춘다. 어떤 사람은 귀도 움직인다. 복잡하고 역동적인 얼굴은 아기들에게 흥미로운 자극이다. 무엇보다 얼굴은 아기의 행동에 즉각적으로 반응한다. 세상에서 가장 재미있는 장난감이다. 그중에서 눈이 가장 매력적이다. 하얀 바탕에 검은 동그라미가 쉴 새 없이 움직인다. 눈을 깜박일 때마다 사라졌다 나타나기를 반복한다. 이렇게 우리 얼굴을 홀린 듯 쳐다보는 아기의 얼굴을 보며, 아기가 사랑에 빠졌다고 착각하기도 한다. 이런 착각과 오해 덕분에 두 사람의 관계는 점점 더 *끈끈*해진다.

아기가 아니더라도 사람들은 얼굴을 정말 좋아한다. 세상의 모든 것에서 얼굴을 발견하다. 역삼각형으로 배열된 점만 보면 얼굴을 떠올린다. 산을 오르면서, 바위에서, 나뭇잎에서 얼굴들을 발견한다. "저거 얼굴 같지?"

얼굴을 결정하는 것은 나란히 있는 두 개의 점이다. 그리고 두 개의 점 아래에서 입이라고 부를 만한 점이나 선을 찾으면 얼굴이 완성된다.

어른들도 아기처럼 눈을 보지만 아기보다 더 많은 것을 본다. 눈빛, 눈의 모양, 눈동자의 움직임, 눈동자 혹은 동공의 크기를 보고, 더 많은 것을 읽는다. 흔들리는 눈동자에서 불안을 보고 커진 동공에서 사랑을 보고 촉촉한 눈에서 슬픔을 본다. 눈은 외부로 노출된 뇌라는 과학자의 설명이 아니더라도 우리는 오래 전부터 '눈은 마음의 창'이라고 믿어 왔다.

다른 사람의 마음, 특히 감정을 읽을 때 눈과 입은 중요한 단서가 된다. 우리는 눈보다 입을 더 마음대로 움직일 수 있다. 입술과 혀 그리고 입 안의 공간을 이용해서 다양한 소리를 정교하게 낸다. 이런 능력이 결국 말이 되었다. 그에 비해 눈은 눈동자를 움직이고 눈꺼풀을 올리거나 내리는 정도다. 자신의 의도대로 움직일 수 있는 정도가 다르다는 것은 상황에 따라 거짓으로 꾸며 낼 수 있는 정도가 다르다는 의미다.

우리는 슬퍼도 화가 나도 당황해도 웃는 표정을 지을 수 있다. 이때 주로 사용하는 기관은 입이다. 직장이나 학교에서 혹은 가정에서 상황에 따라 짓는 미소를 사회적 미소라고 한다. 진짜 자신의 감정을 숨기고 사회적으로 인정받는 감정을 보이는, 일종의 사회적 기술이다. 아이가 실망스러운 선물을 받았을 때 혹은 서비스 업종에서 일하는 사람들이 사용하는 미소다. 이때 우리는 뺨의 근육을 긴장시켜 입꼬리를 양옆으로 끌어올림으로써 웃는 표정을 만든다. 그래서 우리는 입보다 눈이 더 진실에 가깝다고 믿는다. 웃는 입과 슬픈 눈 중에 우리가 진짜라고 여기는 쪽은 슬픈 눈이다. 강의 중에 학생들에게 이중적인 감정을 얼굴 표정으로 나타내 보라고 한 후, 어떤 것이 진짜 감정에 가까운지 물으면 대부분 눈으로 표현한 감정을 고른다. 한번 '웃프다'라는 감정을 얼굴 표정으로 만들어 보라.

눈에서 마음을
읽어 보자

그렇다면 우리는 진실에 더 가깝다고 여기는 눈에서 마음을 얼마나 잘 읽을 수 있을까?

'눈으로 마음 읽기 검사(reading the mind in the eyes)'라는 것이 있다. 이 검사는 사람의 눈만 보이는 다양한 사진을 보여 주고 어떤 마음인지를 맞히는 것이다. 다행히 주관식이 아닌 객관식 문제다. 네 개의 마음 단어 중에 적절한 것을 선택하면 된다. 각 사진마다 서로 다른 단어가 제시된다. 예를 들면, 나이 들어 보이는 남자의 눈 사진에는 '질투하는, 공황상태에 빠진, 오만한, 증오에 찬'이란 단어가 제시된다. 또 다른 젊은 남자의 눈 사진에는 '장난기 가득한, 위로하는, 신경질이 난, 지루해하는'이란 단어들이 제시된다. 이 사진에 등장하는 남자와 여자는 유명 배우나 모델이며 영화나 잡지의 한 장면이다. 아마도 극적으로 강하게 표현돼 있고 전형적인 특징이 포함돼있기 때문에 어느 정도 정확하게 구분할 수 있을 것이다. 이에 비해일상에서는 표정이 훨씬 더 약하고 금방 사라지기 때문에 알아채기훨씬 더 힘들 수 있다. 눈을 보는 것이 마음을 읽는 능력이라는 것은 이 검사의 점수와 마음이론 능력 점수 간 상관이 있다는 연구 결과를 통해 확인됐다. 다시 말하면 눈에서 상대의 마음을 더 잘 읽는사람은 다른 사람의 바람, 믿음, 의도를 더 잘 알아챈다. 예상하겠지만, 여자가 남자보다 더 잘한다.

이 검사를 응용하면 당신이나 아이의 마음 읽기 능력을 엿볼 수있다. 당신 사진이나 아이의 사진에서 눈만 남겨 두고 다른 부분은모두 가린 후 '어떤 마음'인지 추측해 보라. 만일 사진이 없다면 휴대폰으로 찍어도 좋다. 이런 사진이 낯선 외국 사람의 눈을 보는 테스트보다 우리의 실제에 더 가깝다. 이런 활동을 해 보면, 우리가 눈으로 읽을 수 있는 것과 없는 것이 보인다. (*고려대학교 PSN 연구소 홈페이지[psnlab.studio]에서 한글판 검사를 다운 받을 수 있다.)

마주 보기의 중요함

같은 시선
다른 의미

무엇인가를 보는 행동은 그 대상에 관심이 있거나 가치가 있다고
여긴다는 의미다. 그래서 우리가 말하는 중에 상대가 다른 곳을 보
고 있으면 무시당하는 느낌을 받는다. '나에게 관심이 없구나' 혹은
'나를 쳐다볼 가치가 없다고 여기는 것인가?' 하고 생각한다.

별로 중요한 이야기가 아니라도 대화하는 사람들의 시선은 상당
히 중요하다. 어느 날 오후 아이에게 "오늘 어땠어?"라며 일상적인
인사를 건넨다. 그냥 습관처럼 인사한 것이었고 특별히 대화할 생각
은 없었다. 그런데 아이가 "어"라며 건성으로 대답하는데 눈은 컴퓨
터를 향해 있다. 그 순간 문득 아이가 의도적으로 무시하고 있다는
생각이 들면서 화가 난다.

"나 좀 보고 말해."

그래도 아이가 눈길조차 주지 않으면, 대화는 급격하게 방향을 튼다.

"컴퓨터 벌써 몇 시간이나 했어, 이제 꺼!"

예상하겠지만, 이제 두 사람 간에 우호적인 대화는 불가능해졌다. 만일 먼저 "지금 난 무시당했다는 느낌이 들어"라고 말했다면 아이는 어떤 반응을 보였을까? 아이는 무시할 의도가 없었으며, 자신의 행동이 그렇게 해석됐다는 사실에 놀랄 수도 있다. 어쩌면 겸연쩍게 웃으며, "뭐야! 왜 그래요?"라고 할 수도 있다.

'본다'는 행동은 힘과 관련 있다. 상대를 보는 사람과 보지 않는 사람 간 관계는 평등하지 않다. 힘이 약한 사람은 힘이 강한 사람을 계속 쳐다보아야 하지만, 힘이 강한 사람은 자유롭게 다른 곳을 볼 수 있다. 또한 서로 사랑하는 사이라면 두 사람이 마주 보지만 짝사랑일 때는 한 사람만 상대를 쳐다본다. 이런 경우 다른 곳을 보고 있는 사람은 자신의 행동을 별로 의식하지 않는다. 그러나 상대를 보고 있는 사람에게 본다는 행동은 중요하다. 본다는 행동은 상대에게 '나는 너에게 관심이 있다. 너는 사랑받을 가치가 있는 사람이다'라는 메시지를 준다.

관계를 개선하는
마주 보기

우리는 눈이 가는 곳에 마음이 있다고 여긴다. 따라서 다른 사람의 눈이 어디를 향하는지를 보며 그 사람의 마음을 추측한다. 마주 본다는 것은 서로에게 관심이 있다는 의미다.

마주 보고 있을 때 상대의 눈만 보는 것은 아니다. 최근 연구에 따르면, 사람들이 얼굴의 각 부위에서 읽는 감정은 다르다. 연구자들은 시선을 추적하는 장치를 이용해 사람들이 얼굴의 어느 부위를 더 오래 보는지 측정했다.

사람들은 기쁘거나 혐오스러운 표정의 사진은 입 주변을 더 오래 보고, 화나거나 슬픈 표정의 사진은 눈 주위를 더 오래 보았다. 이것은 우리가 표정에서 감정을 확인하려 할 때 사용하는 단서가 다르다는 의미다. 우리는 입에서 기쁨을 찾아내고 눈에서 분노와 슬픔을 찾아낸다.

또 다른 연구는 사람들은 상대의 눈에서 공포를 가장 빨리 알아챈다고 한다. 뭔가 위험하고 생명을 위협하는 것이 있다는 신호이기 때문이다.

이처럼 우리가 항상 의식하는 것은 아니지만 다른 사람의 얼굴에서 많은 정보를 얻는다. 일반적으로 남자가 여자보다 상대의 감정에 둔감한 이유 중 하나가 상대를 덜 쳐다보기 때문이라는 말이 있다. 아이가 "괜찮다"고 하면 아빠는 곧이곧대로 믿지만, 엄마는 아이의 눈에서 분노와 슬픔을 읽는다. 엄마와 아빠가 아이에게 다른 반응을 보이는 이유다. 분명히 조금 더 자주 상대를 쳐다보는 것만으로도 관계가 개선될 수 있다.

마주 보기도
연습이 필요하다

어린아이와 대화할 때 부모는 자세를 낮추고 눈을 맞춘다. 그러나 아이가 나이가 들면 점점 서로를 바라보는 시간이 줄어든다. 친구가 생기고 집밖에서 활동하는 시간이 늘어나면 자연스럽게 이야기할 기회가 줄어든다. 거실에서, 식탁에서, 현관에서 잠깐 지나칠 수도 있다. 대부분의 전문가는 가족이 마주 앉아 눈을 맞추며 대화하는 시간이 중요하다고 말한다.

나이가 들면 서로 응시할 수 있는 인간관계가 점점 줄어든다. 서로의 눈을 10초 동안 마주 볼 수 있는 사람을 떠올려 봐도 다섯 손가락을 넘지 않는다. 가끔 강의 중에 학생들에게 가장 친절하고 선한 표정으로 서로의 눈을 10초 동안 보라고 하는데 단 몇 초를 참지 못하고 웃으며 고개를 돌린다.

앞에서도 말했듯이 낯선 사람을 그렇게 오래(?) 쳐다보는 것은 예외적이고 이상한 행동인 것이다. 우리가 오랫동안 응시해도 되는 사람은 이미 우호적이고 신뢰가 쌓인 사람이다. 그런데 그렇게 가까운 사람 간에도 서로 쳐다보는 것이 어색하다.

서로를 보지 않았을 때 무엇을 잃을지 생각해 보라. 얼굴 표정에서 그리고 눈에서 볼 수 있는 생각이나 감정을 놓칠 것이고, 말로는 표현 안 되는 마음을 전할 수 없을 것이고, 다른 사람의 거짓말을 알아채지 못할 것이다. 마음을 전하거나 읽을 수 있는 중요한 통로를 잃은 것이다. 때로는 마주 보는 연습이 필요하다.

'나는 눈으로 무슨 말을 하고 있는가? 아이는 내 눈에서 무엇을 읽고 있는가?'

거울 속에 비친 내 눈을 보면 내 마음을 볼 수 있을까?

시선을 차지하려는 욕심

계속되는 시선은
부담스럽다

이야기하는 내내 서로의 눈을 쳐다보고 있을 수는 없다. 분명 쳐다본다는 것은 상대에게 어떤 마음이 있다는 신호다. 좋든 나쁘든. 어쨌든 계속 응시하면 부담스럽다. 마치 똑같은 말을 계속 반복하는 것처럼 보인다.

"난 너에게 관심 있어. 난 너에게 관심 있어, 난 너에게 관심 있어, 난 너에게 관심 있어, 난 너에게 관심 있어……'

어떤 사람이 계속 똑같은 말을 반복한다면 지겹거나 때로는 무섭다. 아마도 주변에 술을 마시면 한 말 또 하고 한 말 또 하는 사람이 한 명쯤 있을 것이다. 이런 사람은 우리를 지루하고 짜증 나게 만든다. 또한 길에서 같은 말을 계속 중얼거리는 사람을 보면 자신도 모르게 움찔하며 그 사람을 피한다. 마찬가지로 계속 응시하는 사람은 상대를 불편하게 만든다.

수업 중에 교사가 한 학생만 계속 쳐다보면 그 학생은 불편하고 불안하다. '뭐지? 내가 뭘 잘못했나?'라는 생각이 든다. 그 학생 주변의 다른 학생들도 눈치챘다면 더욱더 민망해진다. '왜 저래? 쟤하고 무슨 관계야? 좋아하는 거야? 뭘 잘못한 거야? 찍힌 거야?' 수업 상황에서 나올 자연스러운 행동이 아니기 때문이다. 다른 사람을 보는 행동은 중요하지만 시선을 적절하게 배분해야 한다. 배우자에게, 연인에게 시선을 떼지 못하는 사람은 상대를 사랑하는 것이 아니라 집착하는 것일 수 있다. 마찬가지로 아이는 계속 쳐다보는 부모가 부담스럽다. 특히 사춘기 정도 된 아이에게 그렇다.

"여기 봐"를
멈춰야 하는 이유

"여기 보세요, 정말 반짝거리네요."

"여기 보세요, 나풀거리는 것이 마치 살아 있는 나비 같아요."

"여기 보세요, 정말 먹음직하게 보이네요!"

홈쇼핑의 쇼호스트는 끊임없이 우리 눈길을 잡으려고 외친다. "여기 보세요!" 이 말은 마치 마법의 주문처럼 우리의 주의를 빼앗고, 우리는 쇼호스트의 지시에 따라 화면에 눈을 고정한다. 쇼호스트의 말은 머리에 쏙쏙 들어와 박히고, 그 사람의 의도대로 주문한다. 그렇게 충동적으로 주문한 물건은 구석에 쌓여 있다가 결국은 버려진다.

계획에 없던 물건을 산 다음 후회한 경험은 누구에게나 있을 것이다. "여기 보세요!"는 우리의 생각과 감정을 조정하려는 의도가 담긴 말이다.

쇼호스트만큼 혹은 그 이상으로 상대의 시선을 빼앗으려고 애쓰는 사람이 또 있다. 바로 부모다. 쇼호스트처럼 부모도 아이의 시선을 끌고 싶어서 "여기 봐!"를 외친다. 부모는 자신이 중요하고 가치있다고 여기는 것을 아이에게 알려 주고 싶은 바람과 의도로 그렇게 행동하겠지만, 아이의 입장에서 보면 강압적인 행동이 될 수 있다. 아이는 스스로 선택해서 보고 듣고 만져 보면서 세상을 탐색하고 통제하는 즐거운 경험을 빼앗기고 있다.

부모가 아이와 놀 때 자주 일어나는 일이 있다. 아이보다 부모가 더 열심히 장난감을 갖고 논다(?). 부모는 아이의 시선을 끌고자 과장된 몸짓과 기이한 소리를 낸다. 장난감 기차를 이리저리 움직이며 '칙칙폭폭' '끼긱끼긱' '뿌아앙' 소리를 낸다. 중간 중간 아이에게 "여기 봐!"라는 말도 잊지 않는다. 이때 부모에게 왜 그렇게 하는지를 물으면, "이 아이는 장난감 기차를 진짜 좋아해요. 다른 것에는 관심도 없다니까요"라고 대답한다. 정말 그럴까? 부모가 다른 것을 볼 기회를 주지 않았거나 혹은 아이가 다른 것을 보고 있다는 것을 부모가 알아채지 못했을 수 있다.

부모가 이런 행동을 하는 이유는 '장난감 기차를 가지고 노는 것이 아이에게 가장 좋다'는 믿음이 있기 때문이다. 그래서 다른 사람이 부모에게 아이가 기차를 별로 좋아하지 않는 것 같다고 말하면, 자신이 기억하는 한 절대 아니라고 반박한다. 그 증거로 자신은 아이가 기차를 가지고 노는 것을 정말 많이 보았다고 말한다. 안타깝게도 기억은 진실을 보증하지 못한다(그러니 내 기억이 정확하다며 가족이나 친구와 싸우지 말기를 바란다!). 기억은 현실의 복사가 아니다. 기억 과정에서 왜곡되고 편향되며 망각된다. 우리는 선택적으로 주의를 기울인다. 우리는 보고 싶은 대로 보고 아는 만큼 본다. 이 과정에서 이미 기억은 편향된다. 설사 우리가 사건을 전부 보았다고 하더라도, 우리 기대에 일치하는 사건을 더 잘 기억하고, 일치하지 않으면 왜곡한다. 따라서 부모가 본 것은 진실의 일부이거나 자신의 기대에 맞게 왜곡된 기억일 수 있다. 부모는 아이가 여전히 장난감을 좋아하는지 확신할 수 없다. 아이의 마음이 아니라 자신이 만든 마음을 보며, 부모는 만족하고 있다. 오늘도 부모는 아이에게 "여기 봐!"를 외친다. 아이가 나이를 먹어도 "여기 봐"를 멈추지 않는다.

부모가 만든 세상에서 살아가는 아이가 행복할까? 영화 〈트루먼 쇼〉에서 주인공 트루먼은 완벽한 세상에 살고 있었다. 모든 사람이 트루먼에게 친절하고 우호적이다. 특별한 걱정거리 없이 평탄하고 행복한 삶을 살아갈 수 있도록 모든 것이 준비돼 있다. 완벽한 세상처럼 보인다. 그럼에도 불구하고 트루먼은 자신의 의지와 힘으로 그 세상에서 벗어난다.

부모는 아이가 부모의 세계를 벗어나 자신의 세계를 만들어 독립적으로 살아가기를 바라며, 아이의 독립을 진심으로 응원한다. 그런데 독립적으로 살아가려면 선택하고 통제할 힘이 있어야 한다. 그러니 부모가 아이에게 선택의 기회를 주어야 한다. 부모가 "여기 봐!"를 그만 두고 "넌 뭘 보고 있는 거야?"라고 묻는 순간 아이의 독립이 시작된다.

같은 곳을 보면 같은 마음이 된다

부모와 아이가
소통한다는 것

공동주의(joint attention): 두 사람이 같은 대상에 초점을 맞추는 행동

두 사람이 옷가게에서 같은 옷을 보고 있다. 둘은 옷을 보다가 시선을 돌려 서로를 바라본다. 그리고 같이 보고 있는 옷(공동주의의 대상)에 대해 말한다. 한 명이 "이런 색은 본 적이 없어. 두 가지 색이 섞여 있는 것 같은데 정확하게 무슨 색인지 모르겠어. 독특해. 좋은데"라고 말하며 옷의 소매 부분을 가리킨다. 그러자 다른 한 명도 즉시 가리키는 곳을 보면서, "정말이네"라며 둘 다 웃는다. 이 둘은 같은 것을 주목하고 있다. 그 덕분에 생각과 감정을 공유할 수 있었다. 두 사람에게는 함께 떠올리며 이야기할 수 있는 공동의 기억이 생긴

것이다.

사회적 능력 발달을 보여 주는 이정표 중 하나가 공동주의 능력이다. 특히 언어 발달에 중요한 역할을 한다. 아기는 어른과의 상호작용을 통해 언어를 습득한다. 아기는 어른의 말을 따라 하기 전부터 이미 어느 정도 의사소통이 가능하다. 부모는 아기가 말은 하지 못하지만 알아들을 것이라고 믿으며 말한다.

"저기 봐! 와, 멍멍이네."

"이건 뭐지? 예쁜 꽃이네!"

"저기에 아빠/엄마가 오고 있네, 안녕 해 봐!"

하지만 이런 말은 일방적이라서 엄격한 의미에서 소통이라고 볼 수 없다. 말하는 사람이 기대하는 반응을 상대가 할 때 소통한다고 말할 수 있다. 성인도 상대가 반응을 보이지 않거나 자신이 한 말과 상관없는 엉뚱한 말을 하면 답답함을 느낀다. '이 사람과는 전혀 소통이 되질 않아!'

소통의 기본은 같은 것에 주의를 기울이는 것이다. 내가 꽃에 대해 말하면 상대도 꽃에 대해 말한다. 이때가 바로 두 사람이 같은 것에 주의를 기울이는 공동주의 능력이 발휘되는 순간이다. 만일 부모가 어떤 것에 주의를 기울이고 있는지(무엇을 보고 있는지)를 아기가 안다면 설령 말을 못해도 소통하고 있는 것이다. 놀랍게도 아기에게도 공동주의 능력이 있다.

아이와 부모가
같은 곳을 보게 되는 과정

공동주의 능력은 아기 때부터 빠르게 발달한다. 처음으로 공동주의 능력을 보이기 시작하는 나이는 생후 6개월경이다(어떤 연구자는 이보다 더 빠르다고 주장한다). 우리는 아기가 엄마나 아빠의 얼굴에 흥미를 보인다는 것을 이미 알고 있다. 그 이유도 알고 있다. 아기는 어느 날 부모의 얼굴이 옆으로 방향을 바꾸며 소리를 내는 것을 발견한다. 그리고 아기는 부모의 얼굴(나중에는 눈동자의 움직임)이 향한 쪽에 뭔가 새롭고 낯선 것이 있다는 것을 알게 된다. '이 사람이 쳐다보는 곳에 뭔가 새롭고 재미있는 것이 있구나.' 이런 일이 반복되면서 아이는 쳐다본다(응시한다)는 행동의 의미를 알게 된다. 보는 행동에는 마음이 들어 있다!

그러면 아기도 부모가 어떤 것을 보기를 원할 때 그쪽을 쳐다본다. 예를 들면, 엄마가 왼쪽에 있는 컵을 보기를 원하면, 아기는 컵을 쳐다본다. 그런데 엄마가 이것을 알아채지 못하면, 컵과 엄마를 번갈아 본다. '엄마, 저 컵을 보세요!'라고 말하듯이. 나중에 손과 팔을 조금 더 자유롭게 조절할 수 있게 되면, 컵을 쳐다보는 대신 팔을 뻗어 '가리키는' 행동이 나타난다. 아이는 엄마/아빠가 손으로 가리키는 것을 쳐다볼 수 있고 엄마/아빠에게 어떤 것을 손으로 가리킬 수도 있다. 드디어 아이는 달을 가리키는 손가락 끝이 아니라 달을 볼 수 있게 된 것이다. 드디어 아이와 부모는 공동주의를 할 수 있게 되었다. 쳐다보거나 가리키는 행동을 어떤 의미와 연결할 수 있게 되면서 아이에게 언어나 마음이론 능력 발달에 필요한 발판이 생겼다.

공동주의 능력은 다른 사람과 협력하려 할 때도 반드시 필요하다. 협력하려면 두 사람이 같은 목표를 향해 함께 움직여야 한다. 우리는 다른 사람과 협력해야 살 수 있는 동물이란 점에서 공동주의는 생존 능력이라고 할 수 있다.

가끔 아이가 보는 것을 함께 보자

공동주의는 관계의 기초다. 두 사람이 같은 것에 주의를 기울임으로써 같은 경험을 하고 같은 주제로 이야기할 수 있게 됐다. 같은 곳에 마음을 둔 기억이 있다면 마음에 대해 말하기가 더 쉬워진다. 옷가게에 갔던 일을 떠올리며 어떤 부분이 즐거웠는지, 지금 그 일을 추억하는 것이 얼마나 행복한지 그리고 상대는 어떤 마음인지를 물을 수 있다. 이런 추억을 공유하지 못하는 사람은 이야기에 낄 수 없다. 이 사람은 관계에서 소외된 것 같아 외롭거나 지루하다. 이러면 우리는 이 사람에게 이야기의 주제가 되는 일, 즉 두 사람이 함께 주목하고 있는 대상에 대해 알려 준다. 공동주의가 두 사람에서 세 사람으로 확장되었다. 마치 둘이서 공을 갖고 놀다가 옆 사람에게 공을 던져 주고 같이 놀자고 하는 것과 같다. 이제 세 사람이 함께 공놀이를 할 수 있게 됐다. 공은 두 사람의 것이지만 공놀이를 하는 데는 더 이상 문제가 되지 않는다. 세 사람은 같은 것에 주의를 기울임으로써 함께 공유할 수 있는 기억이 생겼다.

부모는 어떻게 아이와 추억을 만드는가? 아이와 여행을 가본 적이 있을 것이다. 그렇지만 시간이 흐르고 나면 부모와 아이가 함께 공유하고 있는 추억이 그렇게 많지 않다. 상대적으로 더 많은 노력을 기울인 부모로서는 실망스럽지만 이것은 자연스러운 결과다. 사람들의 흥미와 가치가 다르기 때문에 보는 것도 다르다. 이런 난관에도 불구하고, 약간만 노력하면 공유하는 추억을 조금 더 만들 수 있다. 추억은 결국 기억이다. 연구에 따르면 부모는 대화로 아이의 기억을 만든다. 이것을 사회적 구성기억이라고 한다. 여행이나 쇼핑 같은 활동 중에 본 것, 들은 것에 대해 묻고 대답하면서 아이는 자신의 경험을 재구성한다. 그렇게 부모와 함께한 활동은 오래도록 기억 속에 남는다. 물론 이런 대화를 하려면 먼저 같은 것에 주의를 기울여야 한다. 가끔 자신이 보고 있는 것을 아이에게 보여 주고, 또 가끔 아이가 보고 있는 것을 함께 보면서 즐겨 보자.

다른 사람과 같은 것에 주의를 기울이는(응시하거나 쳐다보는) 행동이 사람들과 함께 살아가는 데에 얼마나 중요한지는 이 능력이 결핍되었을 때 어떤 일이 일어나는지를 보면 알 수 있다. 대표적인 예가 자폐 스펙트럼 장애가 있는 사람들이다. 이들은 다른 사람과 상호작용하는 데에 어려움을 겪는데, 낮은 공동주의 능력도 중요한 이유인 것으로 알려졌다. 다른 사람과 같은 것에 주의를 기울이지 못하면 대화하거나 협력하는 것이 어려워진다.

이런 장애가 없더라도, 우리는 때로 자기중심적이어서 다른 사람이 어디에 주의를 기울이고 있는지 알려고 들지 않는다. 다른 사람이 무엇에 관심이 있는지, 무엇을 보고 있는지와 상관없이 자기가 보고 있는 세상이 전부라고 생각하는 사람 곁에 오래 머무르고 싶은 사람은 없다.

아이가 무엇을 보고 있는지에 관심이 없는 부모의 말은 아이에게 지루할 뿐이다. 아이는 자신이 보고 있는 것에 대해 말할 때 가장 신이 난다.

여기서 같은 것을 본다는 말이 꼭 물리전인 시선만을 말하는 게 아니다. 아이가 주목하는 주제와 소재로 대화하는 것도 공동주의이다. 그렇다면 어떻게 아이의 관심사를 알 수 있을까? "요즘 뭐에 관심 있어?"라고 물으면, 아마도 "없어" 혹은 "몰라"라는 답을 들을 것이다. 차라리 "요즘 제일 많이 보는 게 뭐야?"라고 물어보라, 아이가 대답하기 쉬운 질문을 하는 편이 낫다.

아이를 이끌까, 따라갈까?

아이에게 무엇을 보는지
물어 보는 부모

부모는 항상 두 갈래 길에 서 있다. 부모 자신의 생각대로 아이를 이끌어야 할지, 아이가 원하는 대로 따라가야 할지 선택해야 한다. 부모 주도적인 양육과 아이 중심적인 양육에 대한 논쟁은 오래전에 시작됐지만 아직 결론이 나지 않았다. 중심추가 둘 사이를 왔다 갔다 하고 있다. 이 논쟁은 '주의'에 대해 말할 때도 적용할 수 있다. 주의를 끄는 것과 주의를 따라가는 것 중 어느 것이 아이의 발달에 도움이 되는가?

관련 연구 결과나 전문가의 의견을 알아보기 전에 우선 부모 자신의 마음을 확인할 필요가 있다. 어떤 방식으로 양육할 것인지 그리고 누구의 주의를 우선에 둘 것인지에 대한 결정이 바로 부모의 마음에 달려 있기 때문이다. 내가 바라는 것은 무엇인가? 내가 믿는 것은 무엇인가? 나의 목적은 무엇인가? 나는 어떤 계획을 세우고 있는가?

'난 아이가 나와 다르게 살기를 바란다. 아이에게 실수하지 않는 방법을 보여 줄 것이다.'

'나는 아이보다 경험도, 아는 것도 더 많다. 내가 알려주는 방식대로 하면 실수하지 않을 것이다. 아이는 내 말만 들으면 된다!'

'내가 살아온 세상과 아이가 살아갈 세상은 다르다. 항상 내가 옳을 수는 없고 각자의 삶은 스스로 결정하는 것이 최선이다. 내가 할 일은 아이가 원하는 것을 지지하는 것이다.'

'스스로 원하는 것을 결정할 능력을 갖추기까지는 시간이 필요하다. 그러니 그 전까지는 내가 관리할 필요가 있다. 스스로 결정하고 책임질 수 있는 시기가 되기 전에는 내 말을 들어야 한다.'

발달심리학자들은 주의를 끌기보다 주의를 따라가는 쪽이 더 좋다고 말한다. "여기 봐!"라고 하기보다 "넌 뭘 보고 있어?"라고 묻는 편이 더 낫다. 부모가 할 일은 아이가 보고 있는 것에 반응하는 것이다. 반응한다는 것은 단순히 수동적으로 따라가는 것이 아니다. 아이가 보고 있는 것의 의미를 찾아 주고 확장하는 것을 포함한다. 예를 들면, 아이가 애벌레를 보고 있다고 가정해 보자. 아이의 시선에서 보면, 녹색의 작고 긴 덩어리가 꿈틀꿈틀 움직인다. 정말 흥미로운 광경이다. 하지만 부모의 시선에서 보면, 징그러운 벌레보다 예쁜 꽃을 보는 쪽이 정서에 더 좋을 것 같고, 아니면 자동차를 보는 편이 배울 것이 더 많을 것 같다. 아이의 시선을 애벌레에서 떼어내 꽃과 자동차로 옮기려고 한다. "이거 봐! 정말 예쁘지?"라며 호들갑을 떨고, 과장된 말투와 몸짓으로 아이의 시선을 끌려고 애를 쓴다. 부모의 목표는 미래에 가치 있을 법한 것을 아이에게 보여 주는 것이다. 그러나 움직이지 않는 꽃이나 장난감 자동차는 아이의 주의를 오래 붙들지 못한다. 바람이나 의도와는 달리 부모의 이런 행동은 아이의 선택은 중요하지 않고, 심지어 잘못이라는 메시지를 전할 수 있다. 정말 꽃과 자동차가 애벌레보다 더 가치 있을까? 부모의 역할은 아이의 선택을 평가하고 비판하는 감독관이 아니라 선택을 가치 있게 만들고 의미를 찾아주는 중재자다.

"정말 귀여운 애벌레를 발견했구나. 꿈틀꿈틀 움직이면서 어디로 가는 걸까? 와 다리가 정말 많구나."

아이의 관점으로
세상을 본다

부모는 자신의 마음과 아이의 마음을 분리해야 한다. 독립적인 생각과 감정을 가진 각각의 사람으로 이해해야 한다. 아이를 키우면서 부모도 자란다는 말에는 아이의 관점에서 세상을 새롭게 본다는 의미가 있다. 세 살의 마음으로 세상을 보고, 열 살의 마음으로 세상을 보고, 스무 살의 마음으로 세상을 보면서 새로운 삶을 산다. 만일 자신의 관점을 고집한다면, 새로운 삶을 살 기회를 놓치는 것이다.

눈은 마음의 창이라고 했다. 눈이 향한 곳에 마음이 있다. 내가 어디를 보고 있는지를 보면 내 마음이 보이고, 다른 사람이 어디를 보고 있는지를 보면 그 사람의 마음이 보인다. 본다는 행동의 가장 중요한 특징은 지금 여기에 집중하는 것이다. 지금 여기에 있는 사람의 마음을 알려고 서로를 보고 상대가 보고 있는 것을 본다. 우리에게 중요한 것은 지금 여기에 있는 사람에게 집중하는 것이다.

가장 중요한 때는 지금 이 시간이며,
가장 중요한 일은 지금 하고 있는 일이며,
가장 중요한 사람은 지금 만나고 있는 사람이다.

— 레프 톨스토이

귀로 듣고,
마음은 듣지 않는 부모

"왜 그래?"

"학원에 가기 싫어"

"그래도 가야지."

"나랑 안 맞아."

"사람들이 자신에게 맞는 일만 하는 게 아니야!"

"엄마는 어차피 내 말을 듣지도 않을 거면서 왜 물어."

흔히 볼 수 있는 엄마와 아이의 대화다. 이것은 우리가 아이의 말을 어떻게 듣고 있는지 보여 준다. 겉으로 보기에 두 사람은 학원이라는 주제에 대해 말하고 있다. 별로 문제될 것이 없어 보인다. 그러나 서로의 마음은 서로에게 닿지 않은 채 겉돌고 있다. 이 둘의 드러나지 않는 생각과 감정은 무엇이었을까?

엄마는 아이의 말을 듣자마자, '또 시작이군!'이란 생각이 들어 짜증이 났을 수 있다. 이제 '아이의 말을 들어주면 버릇이 없어진다'거나 혹은 '모든 아이들은 학원에 다닌다. 따라서 가지 않으면 뒤떨어질 수 있다'라는 믿음이 아이의 생각이나 감정을 보고 들어야 한다는 생각을 압도한다. 어쩌면 아이는 학원에 가고 싶지 않은 것이 아니라, 자신이 힘들다는 것을 엄마가 알아주길 바랐을 수도 있다.

부모들은 때로 교사이고 때로 판사이고 때로 심리학자가 된다. 부모 역할을 하면서 또 다른 역할을 동시에 하고 있는 셈이다. 그런데 우리는 자신도 모르게 역할에 따라 사람을 구분하는 위험에 빠진다. 부모와 자식의 역할, 교사와 학생의 역할, 판사와 피고인의 역할, 상담자와 내담자의 역할로 구분된다. 우리가 사회적 역할을 맡을 때 어떤 일이 벌어지는지를 극적으로 보여 준 실험이 있다.

스탠퍼드 심리학과 교수인 짐바르도는 스탠퍼드 대학에 가짜 감옥을 만들고 사람들에게 무작위로 간수와 죄수의 역할을 맡겼다. 처음에는 어색해하던 사람들이 곧 자신의 역할에 몰입했고 간수는 죄수들에게 가혹한 행동을 했다. 죄수들은 무력하게 복종하며 심한 스트레스를 받았다. 짐바르도가 예상했던 것보다 상황이 더 심각해져서 결국 실험은 중간에 중단되었다. 물론 부모와 자식이 간수와 죄수라는 의미는 아니다. 다만 사람들이 역할로 '우리'와 '그들'을 구분하고, 상대가 자신과 똑같은 마음을 가진 존재라는 것을 잊을 수도 있다는 점을 지적한 것이다. 그래서 우리는 부모 역할을 하는 동안 아이를 자신과 다른 이상한(?) 존재로 보기도 한다. 부모 역할에 교사나 판사의 역할을 보태면, 부모와 아이 사이의 심리적 간격은 더 넓어진다. 대부분의 부모는 자신과는 너무 다른 아이를 이해하고자 주변 사람에게 조언을 구하기도 하고 육아나 아동심리와 관련된 책을 읽고 강의를 듣기도 한다. 그러나 지식과 경험이 쌓임에도 불구하고 여전히 아이를 키우는 일은 어렵다. 이것은 부모가 관심과 노력이 부족해서가 아니라 아이와 자신을 암묵적으로 분리하면서 생긴 결과일 수 있다. 우리가 기억해야 할 점은 부모와 아이는 같은 사람이며 차이점보다 유사점이 더 많다는 것이다. 아이와 잘 지내고 싶다면 "자신이 대접받고 싶은 대로 다른 사람을 대접하라"는 격언을 떠올려 볼 일이다.

대화했다는 착각

말을 한다고
다 대화가 아니다

누구나 좋은 부모가 되고 싶어 한다. 좋은 부모가 되려면 소통을 잘해야 한다는 것도 알고 있다. 그래서 아이들과 소통하려고 부모들은 열심히 노력한다. 부모 교육에도 참여하고, 다른 사람의 조언을 듣기도 하고, 인터넷에서 아이와 소통하는 법을 찾아보기도 한다. 이런 노력은 얼마나 효과가 있을까?

꽤 오래 전 한 조사에서 부모와 자녀에게 서로 얼마나 대화하는지 물었다. 부모는 아이들과 대화를 많이 한다고 대답했고, 아이들은 대화가 없다고 대답했다. 왜 이런 결과가 나왔을까? 부모는 대화의 총량을 기준으로 답했다. 반면에 아이들은 부모가 주로 말하고 내용도 대부분 지시이거나 일상적인 질문이었기에 그것은 대화가 아니라고 말했다. 이런 경향은 요즘에도 크게 변하지 않았다.

"오늘 뭐 했어? 공부는 했어? 힘들지 않았어? 밥 먹었어?"
"씻고 먹어. 폰 좀 그만 봐. 골고루 먹어. 적당히 먹고 운동해."

이 말들 속에 어떤 '마음'이 들어 있을까? 그냥 습관처럼 하는 말에도 마음이 들어 있다. 어렸을 때는 엄마가 "밥 먹었어?"라고 물으면 퉁명스럽게 "어"라고 대답했다. 밥이 뭐 그리 중요하다고 매일 똑같은 것을 묻는지 짜증이 났다. 그러다 나이가 들면서 "밥은 먹었니?", "길조심하고!"라는 말이 그립고 때로 뭉클해진다. 이 단순한 말 속에 들어 있는 부모의 마음이 보이는 나이가 된 것이다.

아이가 부모의 마음을 보는 데까지는 시간이 걸린다. 그러나 부모가 조금 더 분명하게 마음을 표현한다면, 그 시간을 줄일 수 있을 것이다. 조금 더 일찍 서로의 마음을 알면 나중에 후회하는 일도 줄어들지 않을까?

대화가 안 되는 건 아이탓일까?

대화 서로 마주하며 이야기를 주고받음

소통 의견이나 의사 따위가 남에게 잘 통함

의사소통 가지고 있는 생각이나 뜻이 서로 통함

커뮤니케이션 언어, 몸짓, 그림, 기호 따위의 수단을 통해 서로의 의사나 감정, 생각을 주고받는 일

(다음 국어사전에서 인용)

대화란 단어에는 단순히 마주하고 이야기할 뿐만 아니라 소통이나 의사소통을 한다는 뜻이 포함돼 있다. 사람들은 문제가 생기면 대화로 풀라고 한다. 대화가 문제를 해결할 것이라는 믿음에서 나온 말이다. 하지만 우리의 실제 경험은 다른 말을 한다. 때로 대화가 오히려 갈등을 일으키고 확대한다. 분명 말을 주고받지만 서로 통한다는 기분이 들지 않는다. 벽에게 말하는 것 같은 답답함과 더 깊은 좌절감을 느낀다.

우리가 대화에 대해 오해하는 것이 있다. 우리는 대화를 많이 할수록 좋다거나, 대화는 모든 문제를 해결할 수 있다거나, 혹은 말을 하면 상대가 이해할 것이라고 여긴다. 그리고 대화는 항상 솔직해야 한다고 믿는다. 게다가 우리 자신은 분명하고 정확하게 말한다고 착각한다. 대화를 만병통치약으로 여기는 이런 태도와 자신감은 아이와의 대화를 더 어렵게 만든다. 대화가 잘 되지 않거나 문제가 해결되지 않을 때, 누군가가 그 책임을 져야 한다. '도대체 누구 때문에 대화가 잘 안 되는 거지?' 대개는 '네 탓'을 한다.

대화가 모든 문제를
해결해 주지 않는다

모든 문제를 대화로 풀어야 한다고 믿는 엄마가 사이가 좋지 못한 아들과 아빠가 대화할 수 있도록 자리를 만든다.

아빠는 아이의 행동에 대한 자신의 생각(평가)을 말한다.

"난 네 행동을 이해할 수 없어. 계획을 세우라는 말에 왜 화를 내지?"

아이는 고개를 숙이고 말없이 듣고 있다.

아빠는 한숨을 쉬고 계속 말한다.

"도대체 왜 그러는지 말해 봐. 아빠가 널 이해하고 싶어서 이런 자리를 마련했잖아. 너도 협조해야지."

"나도 나름대로 계획을 하고 있어요."

"무슨 계획? 또 쓸데없는 짓을 하려는 거지."

분명히 대화는 문제를 해결하는 데 효과적인 수단이다. 갈등을 겪고 있는 사람이 만나 각자의 생각과 감정을 이야기하면서 쌓였던 오해가 풀린다. 그러나 기대와 달리 많은 대화는 생각대로 흘러가지 않는다. 갈등과 오해가 대화의 주제이기 때문에 대화의 분위기는 어둡고 내용은 주로 상대에 대한 비난이거나 자신에 대한 변명일 가능성이 높다. 문제가 해결되는 것이 아니라 점점 나쁜 쪽으로 흘러간다. 결국 서로의 차이만 확인하는 대화로 끝날 수 있다. 이런 대화라면 하지 않으니만 못하다. 중요한 것은 대화를 할지 말지가 아니라 어떻게 대화할 것인가다.

명확한 말도
다르게 해석한다

우리는 같은 말을 사용한다. 어려운 전문 용어를 사용하는 것도 아니고 외국어를 하는 것도 아니다. 우리는 당연히 상대가 알아들을 것이라고 기대한다. 하지만 다른 사람의 말을 알아듣지 못할 때가 있다. 분명히 다 아는 단어인데도 말의 정확한 의미를 몰라서 당황한다. 예를 들면, "천천히 먹어!"라는 말은 단순하고 명확하다. 오해의 여지가 없어 보인다. 그런데 이 말이 '뭐야? 내가 뚱뚱하다는 거야?' 혹은 '내가 식탐이 많은 것처럼 보였나?'로 해석될 수도 있다.

말의 뜻은 이전에 어떤 경험을 했는지 혹은 지금 무엇에 관심이 있는지에 따라 달라진다. 말하는 사람은 먹는 행동에, 듣는 사람은 다이어트에 관심이 있다면 같은 말이 다른 의미로 해석된다. 이처럼 말하는 사람에게는 명확하고 분명한 말이 듣는 사람에게는 애매하거나 이중적인 의미로 들릴 수 있다.

대화하는 사람 사이에는 두 가지 틈이 있다. 물리적 틈과 심리적 틈이다. 물리적 틈은 행동으로 메워진다. 우리는 말소리도 더 크게 하고 표정과 몸짓을 더 많이 사용함으로써 틈을 메운다. 이에 비해

심리적 틈은 개개인의 성격, 지식, 경험, 감정 등으로 메워진다. 애매하고 모호한 말은 두 사람 사이에 있는 심리적 틈을 벌린다. 틈이 벌어질수록 오해와 왜곡이 일어난다.

우리는 상대의 말을 그냥 듣는 것이 아니라 해석한다. 아이가 "사탕 맛있겠다!"라고 말하거나 혹은 친구가 "저 신발 예쁘다"라고 말했을 때, 우리는 이 말이 무슨 뜻인지 알아내야 한다. 그저 맛있는 사탕이라거나 혹은 예쁜 신발이라는 사실을 말하는 것일 수 있고, 사탕을 먹고 싶거나 신발을 사고 싶다는 바람을 말하는 것일 수 있다. 혹은 우리에게 사탕을 달라거나 신발을 사 달라는 요구(의도)일 수 있다. 실제로 우리는 일상에서 모호하고 불분명하게 말하지만, 자신의 말이 얼마나 애매한지 알아차리지 못한다. 상대가 무슨 의미인지 모르겠다고 하면, 오히려 화를 낸다. 관심이 없다고 상대를 비난하거나 서운해한다. 만일 상대가 알았다고 말하지만 우리의 뜻과 다르게 해석하면, 아는 척했다고 또 화를 낸다. 우리는 그저 말을 할 뿐이고 그 뜻을 해석하는 것은 오롯이 상대의 책임이 된다. 왜냐하면 우리는 자신의 말을 상대가 당연히 이해하리라고 믿으면서 말하기 때문에 상대가 자신의 말을 오해할 수 있다는 것을 알아채지 못한다. '너 나를 속인 거야? 도대체 왜 못 알아듣는 거야?'라고 생각한다. 그러나 상대가 우리를 속인 것이 아니라 우리 자신에게 속은 것일 수도 있다.

재촉하지 말고
다그치지 않고

우리는 보통 새로운 정보를 전달하려고 말한다. 상대가 모른다고 생각할 때는 분명하고 구체적으로 말한다. 그리고 말하는 중간에 자신의 말을 상대가 정확하게 알아들었는지도 확인한다. 가능하면 상대가 알고 있는 지식을 이용하거나 비유를 통해 쉽게 설명하려고 노력한다. 예를 들면, "이건 자전거를 타는 것처럼 하면 돼", "눈은 카메라와 비슷하다고 생각하면 됩니다"와 같은 비유는 상대가 알고 있는 것과 모르는 것을 알아야 할 수 있다.

세상에 대한 정보가 아닌 우리 마음에 대한 정보를 전달할 때도 기본 과정은 거의 유사하다. 우리는 상대가 무엇을 알고 무엇을 모르는지 고려해서 말한다. 상대가 알고 있다고 여기는 것은 생략하거나 축약하지만, 상대가 모르는 것은 분명하고 정확하게 말한다. 그럼에도 불구하고 대화에는 틈이 있다. 모든 것을 다 표현할 수는 없기 때문이다. 그런데 대화 내용이 마음에 대한 것인지 혹은 세상 지식에 대한 것인지에 따라 틈을 메우는 방식에 차이가 난다. 길 건너에 마트가 생겼다는 사실은 마트 주인에게 듣든 친구에게 듣든 지나가는 행인에게 듣든 혹은 광고로 보든 똑같다. '길 건너 마트'의 의미를 오해하지 않는다. 설사 말하는 사람과 듣는 사람 간 틈이 생기더라도, 인터넷을 검색하거나 책을 읽거나 다른 사람에게 물어보면 쉽게 메워진다. 그러나 마음에 대한 정보는 마음의 주인으로부터 들어야 한다. 다른 사람이 전하는 마음은 중요한 것이 빠지거나 왜곡될 수 있다. 관여하는 사람이 많아질수록 틈은 점점 더 벌어진다. 누군가의 마음을 알고 싶다면, 마음의 주인과 대화해야 한다.

우리의 바람이나 의도, 믿음이 다른 사람을 통해 전해지면 소문처럼 왜곡될 수 있다. 다른 사람이 나쁜 의도로 왜곡하는 것이 아니다. 우리에게는 미완성인 도형을 보면 빈틈을 메워 완전한 도형으로 만드는 경향이 있다. 시각적 맹점이 있음에도 세상이 온전하게 보이는 것은 우리 뇌가 빈틈을 메우기 때문이다. 다른 사람의 마음에 대한 정보는 불충분하고 듬성듬성 빈틈이 많다. "난 슬퍼. 내가 멍청한 짓을 했어"라는 말은 어떤 일이 있었는지, 그래서 무엇을 잃었는지에 대한 부분이 비어 있다. 이 말을 들은 사람은 자신이 알고 있던 것들로 빈틈을 메우고 부족하면 상상으로 채워 완전한 마음을 만들어서 다른 사람에게 전한다. 전달된 우리 마음은 전혀 다른 모습이 된다. 이런 의미의 왜곡이나 변형은 다른 사람을 통했을 때만 일어나는 일이 아니다. 내가 상대에게 직접 말했다고 해서 상대가 완벽하게 이해했다고 장담할 수 없다.

대화는 협력 작업이다. 말하는 사람은 모르는 사람에게 세상에 대한 정보를 알려 줄 때처럼 친절하고 명확하게 말하려고 노력하고, 듣는 사람은 새로운 정보를 배울 때처럼 집중하고, 모를 때는 주저하지 말고 물어보아야 한다. 둘이 함께 협력해서 틈을 메워야 한다.

아이가 풀이 죽고 기운이 없어 보인다. 부모가 천천히 다가와서 대화를 시작한다.

"기분이 안 좋아 보이네. 무슨 일이야?"
"일부러 그런 건 아니야."
"누구나 실수를 해. 실수했다면 사과를 해야 하고."
"화가 나서 나랑 말도 안 해."
"왜 화가 났는데?"
"내가 새 신발을 밟았어."
"둘 다 놀랐겠네. 그런데 어쩌다가 그런 거야?"

아이가 협력하도록 하려면 먼저 우호적인 분위기를 만들어야 한다. 부모가 특히 주의할 부분은 재촉하거나 다그치지 않는 것이다. 그리고 아이가 말하기도 전에 상황을 판단하거나 조언하지 않아야 한다. 단지 실수로 신발을 밟은 사건은 단순해 보이지만, 그 일이 일어나기 전후에 어떤 일이 있었는지에 따라 해석이 달라질 수 있다.

우리는 친한 사람에게 불친절하게 말한다

사람들은 자신의 의사소통 능력을 과대평가한다. '나는 말을 할 줄 안다. 내 말은 분명하고 정확하다. 내가 말하면 다른 사람들은 곧바로 알아듣는다.' 이것이 우리가 무의식적으로 하는 착각이다. 이런 착각이 나쁜 것만은 아니다. 자신이 잘한다는 착각, 즉 의사소통 능력을 과대평가하지 않으면 다른 사람과 말하기 어렵기 때문이다. 사람들 속에서 살아가야 하는 우리는 다른 사람의 평가에 민감할 수밖에 없다. '나를 부정적으로 평가하면 어떡하지?' 이런 불안은 사람들로부터 멀어지게 만들기도 하지만, 대부분의 사람들은 그럭저럭 어울려 산다. 아마도 이런 사회적응 방식에 과대평가 경향이 일조할 것이다.

우리는 자주 애매하게 말하거나 에둘러 말한다. "내가 무슨 말 하는지 알지?"라고 물으면 상대는 대개 "알지"라고 대답한다. 골프를 하는 사람들끼리는 홀에서 1미터 정도 떨어져 있는 공은 홀에 들어간 걸로 해 주는 'OK 존'을 정하기도 한다. 대화에도 이 정도면 괜찮다고 암묵적으로 서로 인정한 'OK 존'이 있다. 대충 알아들은 것으로 치는 정도이다. 서로 만족하는 관계는 이런 완벽하지 않은 이해에서 나오기도 한다. 자신의 마음을 시시콜콜 설명해야 하거나 상대의 마음을 속속들이 다 안다는 것이 불편할 때가 있다. 그리고 때로 상대가 모르는 척 눈감아 주었으면 하는 것도 있다. 좋은 상대란 이런 바람을 읽고 지나가 주는 사람일 것이다. 상대가 원치 않는 위로의 말을 하는 것보다 그저 "아 부럽다. 언젠가 나도 저렇게 될 수 있겠지!"라고 말하는 편이 더 나을 것이다.

이미 앞에서 언급했듯이 우리는 친한 사람에게 불친절한 대화 상대다. 실제로 마음을 분명하게 표현하지 않는 경향은 친한 사람 사이에서 더 많이 나타난다. 그래서 친한 사람일수록 오해가 많다. 우리는 상대와 공유하는 정보가 많다고 생각할수록 '그때 그거', '전에 봤던 거'처럼 애매하거나 모호하게 말한다. 설상가상으로 말하는 사람은 자신이 분명하게 말했다고 기억한다. 상대를 긴장하게 만드는 또 다른 요소는 상대가 알고 있는지 확인하려는 태도다. "내가 왜 화가 났는지 알지?", "내가 무슨 말 하는지 알지?", "네가 무슨 잘못했는지 알지?"라고 물으면, 듣는 사람은 답을 찾아야 한다. 재빨리 기억 속에서 관련 있는 정보를 뒤져 본다. 만일 틀린 답을 말했을 때 비난받거나 관계가 흔들릴 위험이 있다면 불안과 스트레스는 더 커진다. 이런 방식의 대화는 사람을 지치게 만든다. 긴장되는 시험 같은 대화가 아니라 자연스럽고 편안한 대화를 원한다면 분명하게 말해야 한다.

아이를 상대할 때도 마찬가지다. 당신은 아이에게 얼마나 친절한 대화 상대일까? 아이에게 자신의 마음을 분명하게 표현하고 있는가? 아이에게 처음 글자를 가르칠 때처럼 마음을 읽을 때까지 끈기있게 가르치는가? '난 분명하게 마음을 보여 줬어!'라고 자신 있게 말할 수 있는가?

솔직한 말이
마음에 상처를 주는 경우

부모가 특히 싫어하는 것이 거짓말이다. 부모는 아이에게 "다른 것은 다 용서하지만 거짓말은 용서 못 해!"라고 말한다. 우리는 정말 거짓말을 싫어한다. 솔직하게 말하는 것이 최고라고 믿는다. 그렇지만 때로 거짓말이 필요한 순간이 있다. 바로 하얀 거짓말이다.

"너에게 어울리지 않아, 그 옷은 키가 큰 사람에게 어울려" 혹은 "너 정도의 성적으로는 안 돼, 조금 낮은 곳에 원서를 내." 이런 대화를 하는 사람들을 보면, "정말 친한 사이구나" 혹은 "좋은 친구다!"라고 말한다. 분명 이것은 친구의 역할 중 하나다. 친구의 솔직한 평가는 나중에 창피당하거나 실수할 상황을 예방해 준다. 이성적으로는 고마운 일이다. 심지어 우리는 상대에게 "나는 뒤끝이 없다!"며 솔직하게 말하라고 자극한다.

그러나 친구의 비난과 비평은 때로(실제로는 자주!) 상처가 된다. 친구의 날카로운 비판을 웃으면서 인정할 때는 우리에게 여유가 있을 때다. 우리는 자신의 뒤끝이 얼마나 긴지 모른다! '너는 친구가 돼서 그렇게밖에 말 못 해? 난 지금 비난이 아니라 격려가 필요해'라고 말하고 싶지만, 친구 사이니까 그냥 참을 뿐이다. 분명 가까운 관계 사이에도 하얀 거짓말이 필요하다. "네가 입으니까 새로운 분위기가 나는데!" 혹은 "그래 한번 도전해 보는 것도 나쁘지 않아. 혹시 모르니까 다른 곳도 한번 생각해 봐"와 같은 말을 듣고 싶을 때가 있다. 자신의 감정이나 생각을 솔직하게 표현하는 것이 유대감을 높이고 결속을 강하게 만들 수 있지만 때와 장소를 가려서 적당한 정도로 해야 한다.

당신은 아이에게 얼마나 솔직한 부모인가? 혹시 아이의 마음을 다치게 할 만큼 '정직한 부모'는 아닌가? 아이들이 어릴 때는 무한 칭찬을 한다. 무엇이든 할 수 있고 무엇이든 될 수 있는 특별한 아이라고 말한다(정말 진심으로 그렇게 생각할 것이다!). 그러나 아이가 초등학교에 들어갈 즈음이 되면, 갑자기 부모는 엄격한 비평가가 된다. 아이의 행동과 태도를 지적하기 시작한다. 물론 아이가 새로운 세계에 적응해서 잘 지내기를 바라는 마음일 것이다.

"넌 말이 너무 많아."

"그렇게 돌아다니면 친구들이 싫어해."

"말을 정확하게 해야지."

"넌 키가 작으니까 많이 먹어야 해."

"뚱뚱한 아이들은 인기가 없어. 운동을 해야지."

어쩌면 이 말들은 사실일 수 있다. 그렇다고 해서 아이들이 부모로부터 이런 솔직한(?) 말을 들어야 하는 것은 아니다. 만일 누군가 당신에게 이런 말을 한다면 어떤 기분일지 상상해 보라.

답을 정해 놓고
말하는 부모

솔직하다는 기준은 때로 애매하다. '답정너'는 상대에게 기대하는 답을 정해 두고 대화한다는 의미다. '답정너'의 위험은 기대했던 답이 아니면 모두 거짓으로 간주한다는 것이다. 상대가 기대했던 대답을 하지 않으면 계속 다그친다.

"솔직하게 말해! 부럽잖아?"

"아니야, 난 진심으로 기뻐."

"에이 그럴 리가 없어! 사람이라면 조금은 부럽지."

"그래, 배 아프다!"

"거 봐! 솔직하니까 얼마나 좋아."

정말 솔직한 대답이었을까? 이런 대화는 유도심문과 같다. 원하는 답에 대한 힌트를 주며 압박한다. 마침내 원하는 답을 얻고 나서야 만족한다. 이런 경향은 심리학에서 자기충족적 예언이라고 부르는 현상과 비슷하다. 상대가 자신의 예언대로 행동하도록 유도한 후, 자신의 예언이 맞았다고 여기는 것이다. 예를 들면 첫인상이 나빴던 사람은 불친절하고 퉁명스러울 것이라고 예상한다. 나중에 그 사람을 만나면 먼저 딱딱하고 부자연스럽게 행동한다. 경계하는 표정으로 인사하고 가능한 한 거리를 두려고 뒤로 물러선다. 이런 행동은 상대를 불편하게 만들고 얼굴을 찡그리게 만든다. 그러면 우리는 '저거 봐, 내 예상이 맞았지'라며 자신의 판단을 확신하고, 주관적인 믿음은 점점 더 강해진다. 이처럼 미리 답을 정해 놓고 있다면 솔직한 대화는 거의 불가능하다.

부모는 때로 아이와 솔직하게 대화하고 싶다고 하면서, 미리 답을 정해 놓는다. "이거 좋지? 솔직히 말해 봐"라고 묻는다. 아이가 "좋다"라고 말할 때까지 '솔직하라'는 요구는 계속된다. 그리고 나서 '아이가 이것을 좋아한다'고 기억한다. 이 부모가 들은 것은 아이의 마음인가, 아니면 자신의 마음인가? 우리는 분명 답을 알고 있다.

대화하기 전에 알아야 할 것들

내가 '싫어!'라고 말하면, 너는 '싫어한다'고 알아듣는다.
내가 '싫어!'라고 말하면, 너는 '좋아한다'고 알아듣는다.

조절하고 균형 잡는
대화법

대화는 조용히 앉아 두 사람이 말을 주고받는 단순한 활동이 아니다. 대화는 아주 복잡하고 역동적인 과정이다. 두 사람은 반복적으로 역할을 바꿔야 하고 상대의 말과 행동에 맞춰 자신을 조절해야 한다. 대화가 유지되려면 적극적인 대화 참여자가 돼야 한다. 의사소통은 다리가 세 개인 의자와 같다. 세 개의 다리는 각각 말하는 사람, 듣는 사람, 메시지다. 의자가 쓰러지지 않으려면 각각의 다리가 적당한 위치에 있어야 하고 길이도 맞아야 한다.

세 개의 다리 중 하나인 듣는 사람이 얼마나 분주하게 균형을 맞추는지부터 시작해 보자.

듣는 사람은 아무것도 하지 않는 것처럼 보이지만 실제로는 많은 일을 한다. 머릿속으로 끊임없이 대화 내용을 해석하는 동시에 때때로 고개를 끄덕이거나 "응", "그래서", "정말", "그러니까"와 같은 추임새를 넣는다. 또한 몸을 앞으로 내밀거나 뒤로 기대는 것으로 대화가 흥미롭다거나 지루하다는 신호를 보낸다. 이 신호에 맞춰 말하는 사람은 이야기의 주제를 계속 연장하고 확장하거나 혹은 다른 주제로 바꾼다. 말하는 사람과 듣는 사람은 상대의 메시지에 따라 말과 행동을 조절하면서 균형을 맞춘다.

말하는 사람이
하는 일

말하는 사람은 말의 주제를 선택하고(바람, 믿음, 의도, 상상, 감정 등), 기억에서 관련된 정보들을 찾는다. 제일 먼저 떠오른 기억으로 말을 시작하고, 말하는 중에도 계속 관련된 기억 정보를 찾아야 한다. 이때 관련 없는 기억이 함께 떠올라 머릿속에서 서로 뒤섞인다. 말을 하면서 머릿속으로는 주제와 관련 있는 것과 관련 없는 것을 구분하고 선택하며 어떤 정보를 먼저 말할지 결정해야 한다. '의식의 흐름대로'라는 표현은 주제와 관련 없는 말을 하고 있다는 것을 에둘러 지적하는 말이다. 예를 들면, "어제 있었던 일에 대해 말하고 싶어. 나는 네가 일을 모두 끝냈을 줄 알고 부탁한 거야"라고 말한 후, 그때의 감정을 말하는 대신 갑자기 떠오른 과거 사건을 말한다. "아, 전에도 그런 비슷한 일이 있었잖아. 작년 여름이었나? 정말 더웠지." 참을성 있게 듣고 있던 사람은 결국 한마디 하게 될 것이다. "뭔 소리를 하는 거야?" (때로 '의식의 흐름대로' 말을 해 보라. 사람들의 심리를 알아보는 데 실제로 사용되는 방법이기도 하다!)

아이들의 말을 듣다 보면, 이야기가 럭비공처럼 이리저리 튀어 다니는 것 같은 느낌을 받는다. 이런 혼란한 대화가 불편한 부모는 결국 "하고 싶은 얘기가 뭐야? 천천히 똑바로 말해"라고 한다. 아이는 다시 시도하지만 크게 달라지지 않는다. 왜냐하면 아이는 여러 가지 정보를 동시에 처리할 수 있는 인지 능력이 충분히 발달하지 않았기 때문이다. 아이와 대화할 때는 중간 중간에 적절한 질문을 넣어서 아이가 주제에서 벗어나지 않도록 안내하는 것이 좋다.

듣는 사람이 하는 일

듣는 사람은 주위에서 들리는 소리는 무시하고 상대의 말소리에 집중해야 할 뿐 아니라, 머릿속에서 떠오르는 다른 생각도 무시해야 한다. 또한 계속되는 상대의 말을 빠르게 해석해야 한다. 예를 들어 "어제 정말 힘들었지?"라는 말을 들으면 '어제 있었던 일'을 떠올리고 그 일에 대한 상대방의 생각과 감정을 추측해야 한다. '그래서 안 된다고 했는데, 그게 어떻다는 거지? 거절당해서 화가 났다는 건가? 아니면 미안하다는 건가?' 상대방의 행동 패턴, 성격, 관계에 기초해서 상대의 말을 해석한다. 마지막으로 적절한 반응을 결정한다. "일은 잘 해결된 거야?", "내가 거절해서 기분이 상했어?", "어제 정신이 없었지", "어, 그랬어?" 중 하나를 선택한다.

말하는 사람이든 듣는 사람이든 모든 일이 순식간에 일어나기 때문에, 대화하는 동안 자신이 얼마나 많은 에너지를 소비하고 있는지 모른다. 그럼에도 우리는 대화하러 음식점이나 카페에서 만난다. 정말 현명한 선택이다. 카페인이나 사탕이 집중력을 높이며 차가운 음식보다 따뜻한 음식이 대화를 더 부드럽게 만든다는 연구가 있다.

메시지가
하는 일

사람들과 무슨 말을 하는가? 우리에게 일어나는 모든 것이 대화의 주제가 된다. 인간이 왜 처음에 말을 하게 되었는지 묻자 한 프랑스 언어학자는 생존에 도움이 되는 새로운 정보를 자기 부족에 알리려고 말을 시작했다고 주장했다.

저 초원 너머에 샘이 있다거나 숲으로 들어가는 입구의 커다란 나무 밑에 산딸기가 있다거나 물가에서 뿔이 달린 큰 동물을 보았다는 정보는 분명 생존에 도움이 되었을 것이다. 지금도 우리는 뭔가 새로운 것을 알면 누군가에게 알려 주고 싶어 한다. 또한 원하는 것이 있을 때도 말을 하고, 상대방의 태도나 행동을 바꾸려 할 때도 말을 한다. 무엇보다 우리는 자신에 대해 말하고 싶어 한다.

TMI라는 신조어는 우리가 얼마나 자신에 대해 말하고 싶어 하는지를 보여 준다. 우리는 상대가 굳이 알고 싶어 하지 않는 것도 말한다. 길에서 오랜만에 만난 친구에게 인사말로 어디 사느냐고 물었더니 친구가 당황스러울 정도로 자세하게 집의 위치를 알려 준다. 심지어 몇 번 버스를 타고 어디에서 내려야 하는지도 알려 준다. 때로 우리는 상대가 알고 싶어 하지 않는 잉여 정보를 제공한다. 우리는 질문을 하면서 어느 정도의 반응(정보)를 기대하는데 상대가 그것을 넘어서면 당황하고 불편하게 느낀다.

반대로 지나치게 적은 정보를 주는 경우도 있다. 예를 들면 신형 세탁기를 처음 본 사람이 어떻게 작동시키는가를 물으면 세탁기에 익숙한 사람들은 전원을 켜고 '시작'을 선택하라고 대답할 것이다. 이것은 전원 버튼이 어디에 있고 어떻게 켜는지 그리고 시작은 어디에서 어떻게 선택하는지 아는 사람에게 적당한 대답이다. 컴퓨터를 사용하기 시작했을 때 서비스센터 직원의 "먼저 부팅하세요!"라는 말을 듣고 당황했던 경험이 있다. 마음에 대해 말할 때도 마찬가지다.

우리는 누군가 기분이 어떠냐고 물으면, "좋아", "조금 힘들어", "그저그래", "괜찮아"라고 대답한다. 대개 기분이 좋거나 힘든 이유는 말하지 않는다. 상대에게 말하고 싶지 않을 수도 있고, 상대가 알고 싶어 하지 않는다고 생각할 수도 있고, 아니면 자신도 이유를 잘 모를 수 있다. 만일 뭘 알고 싶다고 되묻거나 너무 자세하게 말하면, 물어본 상대가 당황할 수도 있다. 그래서 우리는 상황에 맞게 노출할 정보의 양을 조절한다. 어떤 때는 너무 많은 정보를 주고 어떤 때는 너무 적은 정보를 준다. 왜 그럴까?

　태국에서 열리는 워크숍에 간 적이 있다. 쉬는 시간에 각자 어떤 일을 하는지를 이야기하던 중, 대만 참가자가 나에게 어디에서 강의하는지를 물었다. 그 순간 내 머릿속에 '내가 말하면 어딘지 알아?'라는 생각이 떠올랐다. '인천이 어디에 있는지 그리고 어떤 대학인지를 어떻게 설명하지?'라는 생각에 당황해서 멍해졌다. 나중에 방으로 돌아온 뒤에야 '인천'이라고 말하면 충분했다는 것을 깨달았다. 너무 많은 정보나 너무 적은 정보를 주는 이유 중 하나는 다른 사람의 생각이 아니라 자신의 생각에 따라 말하기 때문이다. 내가 충분하다고 여기는 수준의 정보를 제공하는 것이다.

정리해서 말하기도 하고
말하면서 정리하기도 하고

말(언어)은 일종의 털 고르기(그루밍)라고 한다. 침팬지가 옹기종기 모여 서로의 털을 다듬어 주듯이, 우리는 말로 서로의 마음을 다듬는다. 우리는 보고 들은 세상의 일들이나 우리의 믿음, 생각, 감정에 대해 말한다. 그리고 다른 사람이 하는 말을 듣는다. 서로의 말에서 가치와 의미를 발견하고 잘못된 것들을 제거하고 수정하면서 서로의 마음을 이해하고 위로하며 격려하는 것이다.

말도 하고 싶은 것이 있을 때 더 잘한다. 아이들은 커 가면서 점점 말수가 줄어들다가 어느 순간부터 거의 말을 하지 않는다. 분명히 말하는 능력이 더 나아졌음에도 불구하고, 점점 더 말을 사용하지 않는다. 왜 그럴까?

아이는 부모에게 할 말이 없다고 한다. 어릴 때는 보고 들은 모든 것이 말할 가치가 있다고 여겼었다. 보고 들은 것이 모두 새롭고 중요하기 때문에 부모에게 말할 것이 많았다. 그러나 청소년 시기가 되면 학교와 집을 오가는 반복적인 일상은 더 이상 새롭지 않다. 말할 만한 가치가 없는 사소하고 지루한 일들이다. 이제 아이들의 관심은 자신의 생각이나 감정에 집중된다. 이것은 눈에 보이지 않고 때로 자신도 잘 모르기 때문에 말로 표현하기 힘들다.

그런데 부모가 '정확하고 분명하게' 말할 것을 요구하면 말하기는 더 어려워진다. 대화의 목적은 정확한 메시지를 전달하는 것이 아니라 메시지를 만드는 것이기도 하다. 실제로 말하면서 뒤엉클어지고 복잡하게 보이던 마음이 분명하게 정리되기도 한다. 우리가 자주 하는 말이 있다. "뭐 할 말이 있니?" 의도를 묻는 말이다. 만일 아이가 "그냥"이라고 말한다면, 그냥 보내지 말고, 마음에 대해 대화할 기회로 삼아보는 것은 어떤가?

"그래, 그럼 잠깐 나랑 수다를 좀 떨어 줄래?"

잘 듣기만 해도
답이 나온다

누군가 말을 집중해서 들어 주면 우리는 스스로 생각을 정리하고 문제의 해결책을 찾아내기도 한다. 상대가 하는 일은 그저 "음", "그래", "그렇지" 같은 말을 하면서 가끔 고개를 끄덕이는 정도인데 말이다. 아빠와 아이 사이의 다음 대화는 듣기의 힘을 보여 준다.

컴퓨터로 골프 중계를 보고 있는 아빠

아이: (아빠를 쳐다본다) 민수가 날 때렸어, 그래서…… 아빠 내 말 듣고 있어?

아빠: (계속 컴퓨터를 보고 있다) 어 듣고 있어, 계속해.

아이: (계속 아빠를 쳐다본다) 그래서 나도 때렸어. 근데 민수가 날 다시 때렸어. 듣고 있어?

아빠: (여전히 컴퓨터를 보고 있다) 어 다 듣고 있어.

아이: (계속 아빠를 쳐다본다) 안 듣잖아.

아빠: (컴퓨터에 눈을 고정한 채) 아빤 경기를 보면서도 다 들을 수 있어. 계속해

아이: (돌아서서 간다) 됐어!

같은 상황

아이: (아빠를 쳐다본다) 민수가 날 때렸어, 그래서…… 아빠 듣고 있어?

아빠: (컴퓨터를 끄고 아이를 마주 본다.)

아이: (아빠를 쳐다본다) 그래서 나도 때려 줬어, 그런데 민수가 더 세게 때렸어. 나빠.

아빠: (아무 말 없이 쳐다본다)

아이: (아빠를 쳐다본다) 알겠지. 난 이제 영호랑 놀 거야. 영호는 친구들을 때리지 않거든.

* 이 아빠가 한 일은 말없이 진지하게 들어준 것뿐이다. 아빠는 공감하며 침묵했다.
  우리는 때로 무슨 말을 할지 모르겠다는 핑계로 아이들의 문제를 회피하기도 한다.

잘 듣기의
어려움

'말하는 사람이 힘들지 듣는 사람이 뭐가 힘들어. 그냥 가만히 있으면 되는데.'

사람들은 말하기가 더 어렵다고 말한다. 그런데 가만히 있는 것 역시 여간 힘든 일이 아니다. 아이들에게 자주 하는 말이 있다.

"가만히 좀 있어!"

아이들이 가만히 있는 능력을 습득하기까지 오랜 시간이 필요하다. 자기 조절에 관여하는 뇌 영역이 발달하고 근육에 힘이 생기며 상황을 판단하는 적절한 지식이 쌓여야 한다.

또한 가만히 있는다고 해서 다 듣는 것도 아니다. 말을 듣는다는 것은 다른 사람이 하는 말을 이해하거나 받아들인다는 뜻이다. 듣는 사람은 자신의 지적 자원을 이용해 말의 의미를 해석해야 한다.

무엇보다 말 속에 숨어 있는 마음도 추론해야 한다. "난 잘 못해요"라는 말을 들으면, '나', '잘', '못하다'라는 단어의 뜻을 떠올린다. 말하는 사람(나)이 어떤 행동을 능숙하고 능란하게(잘) 할 능력이 없다(못하다)라는 의미다. 여기서 끝이 아니다. 이 세 단어 중 어느 것이 말의 핵심인지를 생각해야 한다. '난'이라는 말은 다른 사람과 비교해서 자신을 낮게 평가하고 자존감이 낮은 상태를 보여주는 것으로 해석할 수 있다. 다음으로 '잘'이라는 말은 기대수준이 높거나 완벽하게 하고 싶은 바람, 상대의 기대수준을 낮춤으로써 부정적 평가를 피하려는 의도를 보여 주는 것일 수 있다. 마지막으로 '못한다'라는 말은 실제로 할 수 없다는 자기 표현일 수 있다.

겨우 세 개의 단어로 이루어진 말을 이해하고 적당히 반응하는 것도 쉬운 일이 아니다. 말이 짧고 간단하면 그냥 지나치기 쉽다. 말

그대로 해석할 뿐 그 밑에 깔린 마음을 읽으려 들지 않는다. "참 좋은 친구지!"라는 말도 누가 어떤 상황에서 했는지에 따라 의미가 달라진다. 우리는 말 속에 숨어 있는 농담, 허세, 조롱, 비난 등을 읽는다. 초등학생도 이런 정도의 마음 읽기는 가능하다. 이미 알고 있듯이, 가능하다고 해서 잘하는 것은 아니다. 따라서 잘 듣는다는 것은 무엇보다 상대의 말 속에 들어 있는 '마음을 제대로 읽는 일'이라는 것을 기억할 필요가 있다.

적극적으로 들으면 공감할 수 있다

듣기는 두 가지로 나뉜다. 적극적으로 듣기와 소극적으로 듣기다. 적극적으로 듣는 사람은 상대의 말을 이해하려고 노력하고 때로 자신의 생각이나 감정을 덧붙인다. 이에 반해 소극적으로 듣는 사람은 상대의 말에 참여하지 않는다. "듣고 있는 거야?"라고 물으면, "어, 다 듣고 있어" 하는 정도의 반응을 보인다.

예를 들면 아이가 "색연필을 샀어!"라고 하면 적극적으로 듣는 부모는 "누구 줄 선물이야?", "그래 그림 그리기를 좋아했었지. 그림은 좋은 취미인 것 같아"라며 대화를 이어간다. 이런 반응은 아이가 색연필을 산 이유를 설명할 기회를 주고 더 많은 말을 하도록 자극한다. 반면에 소극적으로 듣는 부모는 "어, 색연필이네" 정도의 반응으로 끝난다. 말한 아이는 다소 기운이 빠지고 자신이 색연필에 대해 더 말해야 하는지 중단해야 하는지 고민한다.

　대화는 말하는 사람이 결정하는 것처럼 보이지만 사실 듣는 사람이 많은 부분을 결정한다. 대화 상대가 누구인지에 따라 우리는 수다쟁이가 되기도 하고 과묵한 사람이 되기도 한다. 당연히 적극적으로 들어 주는 사람과 있을 때 더 즐겁다. 우리는 친구처럼 친한 사람과 있을 때가 아니라 여행지에서 우연히 만난 낯선 사람과 있을 때 더 많은 말을 하기도 한다. 수업 중에도 내 말을 듣고 고개를 끄덕이고 손을 들어 질문하는 학생이 있으면 더 신이 나서 강의한다. 더 많이 웃고 더 많은 예를 들고 더 개방적인 태도를 취한다.

　적극적으로 듣기란 상대의 말에 주의를 집중하고 기억에서 떠올리고 의미를 해석하는 것이다. 이것은 상당히 높은 수준의 듣기다. 듣기 수준은 스스로 의미를 해석하려는 노력을 얼마나 하는지에 따라 달라진다. 낮은 수준은 상대의 말을 그대로 반복하는 것이다. 중간 수준은 비슷한 단어를 사용해서 다시 반복하는 것이고, 높은 수준은 자신의 단어나 문장으로 바꾸는 것이다. 예를 들면, 아이가 "기분이 나빠"라고 말하면, "기분이 나쁘구나"(낮은 수준), "화나는 일이 있었구나"(중간 수준), "뭔가 잘 안되면 불편하지"(높은 수준)로 반응할 수 있다. 이처럼 높은 수준으로 들으려면 상대에게 공감해야 한다. 상대의 입장에서 생각하고 같은 감정을 느껴야 자연스럽게 나오는 반응이다.

공감 능력은
사람마다 차이가 난다

우리 모두는 공감 능력이 있지만 그 정도는 사람에 따라 다르다. 어떤 사람은 공감 능력이 높은 반면 어떤 사람은 공감 능력이 낮다. 공감 능력에 따라 대화가 달라진다. 당신이 공감 능력이 낮다면 일단 상대의 말을 따라 해 보라.

상담자는 상대의 마음을 인정한다는 뜻으로 상대의 말을 그대로 따라한다. "기분이 나빴어요!"라는 아이의 말을 듣고 "그래 기분이 나빴구나!"라고 따라한다. 실제로 우리는 같은 행동을 하는 사람에게 호감을 느낀다. 이 같은 미러링 행동은 같은 편이라는 느낌을 갖게 한다. 기억해야 할 것은 이런 단순한 반응도 상대의 말을 들어야 가능하다는 것이다. 이것은 단지 한 발을 내디딘 것이다. 더 높은 수준의 적극적 듣기와 공감 능력을 갖추려면 연습과 훈련을 해야 한다.

괜한 걱정이겠지만, 만약 당신이 따라 하기 전략을 사용한다면 주의해야 할 점이 있다. 이 행동이 의도적으로 보이면 상대는 자신을 놀린다고 여기거나 혹은 심리학 지식을 이용해 뭔가를 얻어내려는 꿍꿍이가 있다고 해석한다. 아이도 "왜 선생님은 내 말을 따라 해요?"라고 묻는다. 만일 상대의 마음이 진심으로 공감되지 않는다면, 단순하게 묻는 편이 더 낫다.

"기분이 나쁘구나. 무슨 일이 있었어?"

부모의 말을
무시한다는 오해

우리는 말을 하면서 상대가 제대로 듣고 있는지 확인한다. 상대의 말을 기억하는 것은 책을 읽고 내용을 기억하는 것과 다르다. 둘 다 언어에 대한 기억이지만, 정보가 입력되는 속도가 다르다. 읽기는 읽는 사람 스스로 속도를 조절할 수 있는 반면 듣기는 그럴 수 없다. 책의 내용은 간결하고 완전하며, 책장을 넘기는 순서에 따라 일렬로 배열돼 있다. 이에 비해 대화는 다채롭고 불완전하며 시시때때로 역동적으로 변한다. 책을 읽을 때는 집중이 잘되었는데 대화할 때는 집중이 되지 않는 것이 단순히 집중력 부족 때문만은 아니다.

말하는 동안 주제도 변하고 속도도 변하고 감정도 변한다. 이런 소용돌이 속에서 상대의 말을 기억하는 동시에 관련된 과거 기억을 꺼내 와야 한다. 예전에는 기억을 단기기억과 장기기억으로만 구분했다. 그러나 현대의 기억 연구는 주로 작업기억에 초점을 맞추고 있다.

사람마다 기억력이 다르고 나이가 들면서 기억력이 변하는 이유를 설명할 때 가장 자주 언급되는 것이 작업기억이다. 작업기억은 정보를 저장하고 처리하는 기억인데 역량이 제한적이다. 작업기억은 정해진 역량을 저장과 처리에 나누어 쓴다. 기억의 개인차는 역량을 배분해서 사용하는 방식 때문에 생긴다. 예를 들면 100이라는 역량이 있을 때 어떤 사람은 저장에 30을 쓰고 처리에 70을 쓰는 반면, 다른 사람은 저장에 70을 쓰고 처리에 30을 쓴다. 처리를 빨리 할수록 더 많은 것을 저장할 수 있다. 우리가 들은 말을 얼마나 기억하는지는 얼마나 빨리 처리하는가에 달려 있고, 처리의 핵심은 '주의'다. 제한된 용량 탓에 모든 정보를 처리할 수 없으므로 우리는 의미 있는 관련 정보만을 선택해야 한다. 대화 과정에서도 마찬가지다. 수많은 감각과 온갖 생각이 머릿속을 떠도는 환경에서 잘 들으려면 선택적으로 주의를 기울여야 한다.

작업기억이 하는 또 다른 중요한 일은 의미를 만드는 것이다. 작업기억 능력이 더 큰 사람은 복잡한 이야기를 더 잘 이해하고 관련성을 구분해서 플롯(사건, 심리적 요소)을 더 잘 추적한다. 또한 시간이나 맥락이 분리되었을 때도 주제를 더 잘 연결한다. 대화가 현재와 과거 사건을 왔다 갔다 하거나 여러 사람이 등장해도 이야기의 주제가 '억울한 일을 당했다'는 것임을 이해한다. 이처럼 작업기억은 공들여 의미를 구성한다. 이렇게 새로 만들어진 정보는 기억될 가능성이 높아진다. 작업기억의 차이가 부모와 아이의 기억이 다른 이유를 설명할 수 있다. 기억할지 말지는 우리가 만든 '의미'에 달려 있다. 이것은 재미있게 말하는 능력이 없는, 소위 노잼인 사람들에게 희소식이다. 이미 앞에서 보았듯이, 지루하고 재미없는 말도 우리는 기억한다. 중요한 이야기라면 굳이 재미있고 능숙하게 말하려고 집착할 필요 없다.

우리가 주목해야 할 사실은 아이가 부모의 말을 기억하지 못하는 이유가 의도적으로 무시했기 때문이거나, 못들은 척하는 것이 아니라는 점이다. 작업기억과 관련된 뇌 영역이 충분히 발달하지 못했기 때문일 수 있다.

아이의 말을
잘 듣는 비결

우리는 여러 가지 이유에서 잘 듣지 못한다. 듣기가 단순히 소리를 듣는 것이 아니라 상대의 말을 이해하는 것이라는 점에서 보면 물리적인 방해물도 있고 심리적인 방해물도 있다.

① 낮은 집중력

TV가 켜 있거나 누군가 앞에서 움직이는 것 같은 시각적 혹은 청각적 방해물이 있을 때, 불편한 의자에 앉아 있거나 몸이 좋지 않을 때, 혹은 말소리가 지나치게 낮거나 높을 때 집중하지 못한다. 이런 물리적인 요인뿐 아니라 심리적인 요인도 집중을 방해한다. 예를 들면 어떤 일로 스트레스를 받고 있다면 집중하지 못한다. 이런 방해 요소를 제거하면 대화에 더 집중할 수 있다. 특히 아이와 이야기할 때는 집중을 방해하는 TV나 음악은 끄고 적당한 목소리 톤으로 말하는 것이 좋다.

② 말을 듣고 이해하는 데 걸리는 시간 차이

우리는 말을 듣자마자 이해하는 것이 아니다. 들은 말을 해석할 시간이 필요하다. 이 과정에서 발생하는 차이는 몇 초에 불과하지만, 말이 길어지거나 빨라지면 차이가 점점 커진다. 만일 계속 빠른 속도로 말하면 그 차이는 급속하게 늘어난다. 우리는 말을 이해하지 못하면 듣기를 중단한다.

평소 말이 빠르지 않던 사람도 화가 나거나 흥분하거나 시간이 없다고 느끼면 빨리 말한다. 그래서 화난 엄마의 말을 아이는 안 들을 가능성이 있다. 마치 엄마의 말이 아이 앞에서 멈추지 못하고 그냥 통과해 버리는 것 같다. 다시 말하면, 말의 속도가 빠를수록 상대에게 전달되는 내용은 더 적다. 적절한 속도와 쉬운 어휘로 간단하게 말하라는 조언은 언어를 사용하는 모든 곳에 적용할 수 있다. 학교, 병원, 법원 등에서 일하는 사람은 여유를 갖고 가능한 한 쉬운 용어로, 간단하게 설명하는 연습을 해야 하는 이유다.

마찬가지로 바쁜 출근 시간에 할 말이 많은 부모도 빠른 속도로 말을 쏟아 낸다. 빨라진다. 부모는 자신이 하고 싶은 말을 다해서 뿌듯할지 모르지만 아이는 너무 빠르게 쏟아내는 말 폭포 앞에서 듣지 않는 방법을 택함으로써 안정을 찾으려 한다. 그렇다면 아이가 안 듣는 것이 아니라 부모가 못 듣게 만든 것이다.

③ 과장된 표현

지나치게 생생하고 과장되게 말하는 스타일은 기억과 이해를 방해한다. 어느 문학 수업에서 교수가 과장된 동작과 어조로 셰익스피어의 작품을 읽어 주니, 학생들은 책의 내용을 진지하게 받아들이지 못했을 뿐 아니라 교수의 능력을 의심했다고 한다. 일상에서도 연극적인 발성과 몸짓으로 말하는 사람은 흥미를 끌지만 진정성을 의심받는다. 또한 너무 생생하게 감각적으로 묘사하면, 주제와 상관없는 감정을 일으킨다.

"갑자기 고기가 썩는 것 같은 냄새가 나기 시작해서 거의 숨을 쉴 수 없었어. 그런데 먹어 보니 정말 맛이 있었어."

감각을 자극하는 표현은 때로 그 감각과 관련된 개인적인 경험이나 감정을 끌어낸다. 우리는 뒷이야기를 듣기도 전에 머릿속에 동물의 사체를 떠올리고 혐오감에 휩싸인다. 그래서 전하려는 메시지(맛이 좋았다)에 주의하지 못하거나 왜곡한다. 주객이 전도된 것이다. 아이에게 말을 가르칠 때 지나치게 화려한 교재를 사용하면 학습 효과가 떨어진다는 연구도 있다. 아이들이 중요하지 않은 교재의 색이나 모양에 주의를 빼앗기기 때문이다. 내 말에 집중시키려는 요량으로 지나치게 과장하거나 기교를 사용하는 것은 오히려 역효과를 낼 수 있다. 중요한 말일수록 담백하게 표현할 필요가 있다.

④ 확증편향

　듣는 사람의 확증편향(confirmation bias)은 듣기를 방해한다. 우리는 자신의 신념과 가치에 일치하는 말이나 행동을 좋아한다. "내가 아는 사람들은 다 그렇게 생각해", "내 친구들에게 물어볼까?"라는 말은 찬성하거나 지지해 줄 사람에게만 물어보겠다는 뜻이다. 우리는 반대할 것 같은 사람에게는 굳이 묻지 않는다. 이런 확증편향은 대부분의 사람에게서 확인되는 보편적인 경향이다. 따라서 듣는 사람뿐 아니라 말하는 사람도 확증편향을 갖고 있다.

　만일 '게임을 좋아하는 아이는 공부를 못한다'고 믿는다면(물론 이것은 진실이 아니다!), 아이가 "내 친구가 있는데, 게임을 정말 잘해"라고 말하는 순간 부모의 머릿속에서 '공부는 못하겠군. 그런 아이와 어울리는 것은 별로 좋지 않은데'라는 생각이 떠오를 것이다. 아이가 "공부는 그저 그래. 하지만 운동은 정말 잘해. 성격도 좋고"라고 말해도 자신의 생각과 다른 정보에 주의하지 못하고 쉽게 잊는다. "그렇게 게임만 하는 애는 좋지 않아"라며 친구를 부정적으로 평가하는 부모의 말은 아이를 당황하게 만든다. 아이는 여러 가지를 잘하는 친구를 자랑하려는 의도에서 꺼낸 말인데, 부모와 친구의 험담을 한 것 같아 당황스럽다.

　이처럼 확증편향은 메시지를 끝까지 듣기 전에 끼어들어서 재빨리 결론을 내린다. 확증편향은 정확하고 비판적으로 평가하는 능력이 발휘되지 못하게 방해한다.

확증편향을 강화하는 것은 '부주의맹 현상'이다. 사이몬과 차브리스는 공놀이하는 사람들 사이에 나타나는 고릴라 실험을 통해 부주의맹 현상을 흥미롭게 증명했다. 하얀셔츠 팀과 검정셔츠 팀이 공을 주고받는 중간에 고릴라 분장을 한 사람이 갑자기 나타나 고릴라처럼 손으로 가슴을 치는 행동을 하고 지나가는 비디오영상을 실험 참가자들에게 보여 주었다. 실험 참가자들에게 주어진 과제는 검정셔츠 팀이 패스하는 횟수를 세는 것이었다. 놀랍게도 이 과제를 수행한 사람 중 상당수가 고릴라를 보지 못했다. 이 실험은 명백한 대상이나 상황도 우리가 주의를 기울이지 않으면 보지 못한다는 '부주의맹' 현상을 알려 주었다.

이밖에도 모든 것을 다 들으려 하거나 너무 빨리 결론으로 뛰어넘는 태도가 있다. 모든 것을 다 듣는 것은 불가능하며, 또는 성급하게 결론을 내리면 내용을 정확하게 이해하지 못한다. 아이가 친구와 싸운 이야기를 하는 중에 '그래서 결국에 네가 진 거네?'라고 결론을 내린다면 여기서 대화는 끝난다.

대화는 함께 추는 춤이다

대화란 춤을 추는 것과 같다. 두 사람이 서로 협조해서 결과를 창조한다. 만일 상대가 뒤로 갈 때 나도 뒤로 물러난다면, 서로를 끌어당기는 엉거주춤한 자세가 된다. 반대로 상대가 움직이지 않는데 앞으로 움직이면 발을 밟을 수도 있다. 상대의 움직임에 맞춰 움직여야 한다. 대화할 때도 상대가 보내는 신호를 잘 읽어야 한다. 내가 주는 정보가 너무 많아서 지루한지, 혹은 너무 적어서 이해할 수 없는지 수시로 확인해야 한다.

아이가 어릴 때는 다른 아이와 함께 있으면서도 자기중심적인 혼잣말을 한다. 멀리서 보면 한 번씩 번갈아 말하기 때문에 마치 대화를 주고받는 것처럼 보이지만 내용은 제각각이다. 두 아이의 말은 서로 관련이 없다. 그냥 순서대로 한 번씩 말하는 것뿐이다.

"이건 파란 색이야."

"어, 이건 아주 빨리 달리지."

"난 파란 가방이 있어."

"깜짝 놀랐어."

이런 방식으로 말이 이어진다. 이런 자기중심적인 말은 나이가 들면서 협동적인 사회적 대화로 발달한다. 같은 발달 경향이 놀이에서도 발견된다. 처음에는 함께 앉아 있지만 혼자 놀다가 나중에는 협력하며 논다. 대화 기술과 사회성이 향상되면서, 아이들은 상대의 메시지에 맞춰 반응해야 한다는 것을 이해한다. 이제 아이들의 말은 서로 연결되며 이어진다.

"이건 파란색이야."

"어, 약간 녹색을 띤 파란색이네."

"어, 특이하지. 난 파란 가방도 있어."

"넌 파란색을 좋아해?"

"어 난 파란색을 좋아해, 너는?"

"난 빨간색을 좋아해."

우리가 하는 모든 말이 대화를 목적으로 하는 것은 아니다. 우리는 혼잣말을 하면서 생각을 정리한다. 때로 앞에 있는 상대의 반응과 상관없이 말을 계속하는 이유는 자신의 말에 자신이 없거나 모호하게 느껴지기 때문이다. 상대가 아니라 자신이 이해할 때까지 자신에게 말하고 있는 것이다. 이때 혼잣말은 생각을 정리하는 수단이다.

아이가 혼잣말을 하면 걱정하는 부모들이 있다. "왜 우리 아이는 혼자 중얼거리는 걸까? 뭐가 문제가 있나?" 아이가 혼잣말을 하는 이유는 사회성이 발달하지 못했기 때문일 수도, 문제를 해결하는 중일 수도, 마음을 정리하고 있는 중일 수도, 혹은 말상대가 없기 때문일 수도 있다. 혼잣말의 기능은 여러 가지다. 대개 시간이 지나거나 상황이 달라지면 없어진다. 그래도 계속 걱정된다면, 아이가 언제 혼잣말을 하는지, 어떤 말을 하는지, 혹은 보이지 않는 말상대가 있는지를 관찰해 보라. 아이의 마음을 볼 수 있는 기회가 될 것이다.

우리는 다른 사람과 함께 춤을 추기를 즐기지만, 가끔은 혼자서도 춤을 춘다.

아이에게 다가가는 대화

부모도 존중받지 못한다고
느끼면 갑질을 한다

"어린 것이 감히!"

21세기에 이런 말을 하는 사람이 있을까 하겠지만, 우리나라 사람들은 남녀노소를 불문하고 상대의 나이를 묻는다. 다섯 살 난 아이가 새로 들어온 아이에게 "너 몇 살이야?"라고 묻고는 "어 그럼 내가 형이네"라며 만족해했다는 말을 유치원 교사로부터 들었다. 아이들 사이에서도 나이는 관계를 정의하는 중요한 기준이다. 우리는 상대의 이름보다 '형', '동생', '언니', '누나'라고 부르는 데에 익숙하다. 최근에는 수평적 문화를 만들겠다며 'ㅇㅇ 님'이라는 호칭을 사용하자는 움직임이 있다고 한다. 그럼에도 아직 우리는 친한 사람이든 모르는 사람이든 나이를 묻고, 다툼이 생겼을 때 맨 마지막에 나오

244

는 말은 "너 몇 살이야?"다. 입 밖으로 나오지 않았더라도, 머릿속으로는 이 말을 했을 수 있다.

어떤 경우에 이 말을 할까? 당연히 자기보다 나이가 적은 사람이라고 짐작될 때다. 상대보다 높은 사회적 지위를 얻으려는 의도에서 나온 말일 것이다. 집단에서 사회적 위치를 확인하고 역할을 정하는 문화가 나쁜 것만은 아니다. 문제는 그것을 권력으로 사용할 때 일어난다.

최근 사람들을 분노하게 만드는 사건들에 따라붙는 말이 '갑질'이다. 갑질을 하는 사람은 자신이 상대보다 돈이 많다거나 지위가 높다거나 힘이 세다고 여긴다. 그리고 그것을 대단한 권력인 양 사용하면서 다른 사람에게 복종을 요구한다. 이런 사람의 행동을 설명하는 흥미로운 연구가 있다. 연구 결과를 보면 자신이 존중받아야 한다고 믿었는데 상대가 자신을 존중하지 않는다고 생각되면, 공격적인 태도를 보이거나 가혹한 행동을 했다. 실험에서 참가자는 자신이 받은 보상 중 일부를 다른 사람에게 나누어 주었는데, 그 사람이 그것을 별로 가치 있게 여기지 않는다는 말을 들으면 보복할 기회가 생겼을 때(예를 들면, 매운 고추와 파프리카 중 상대가 먹을 것을 선택하는 상황) 상대를 고통스럽게 만드는 선택을 했다. 진심으로 존경을 받지 못했기 때문에 폭력으로 자신의 힘을 과시하려는 것이다.

갑질을 하는 사람들은 자신이 존경받을 만한 사람이 못 된다는 것을 알고 있기 때문에 억지 존경을 요구하고 폭력으로 상대를 복종하게 만들려고 한다. 나이가 많기 때문에 존경을 받아야 한다고 생각하고, 상대가 그러지 않는다고 여겨질 때 공격적으로 변한다.

이제 아이와 부모의 관계에서 생각해 보자. 부모는 아이보다 힘도 세고 돈도 많고 지위도 높다. 당연히 나이도 훨씬 많다. 다시 말하면, '갑질'을 할 가능성이 꽤 높다. 특히 아이로부터 존경받지 못한다고 느끼는 부모는 자신의 힘을 과시하며 아이에게 복종을 요구한다.

힘과 감정으로 보는
부모 자식 관계

인간관계를 정의하는 두 축이 있는데, '힘'과 '감정'이다. 두 사람 중 어느 한쪽이 힘이 세거나 약하며, 상대를 좋아하거나 싫어한다. 여기서 힘은 신체적인 힘, 경제력, 사회적인 지위, 능력 등을 포함한다. 직장에서 지위가 같은 동료일지라도 돈이나 능력이 더 많을 수도 있다. 또한 힘이 세든 약하든 그 사람을 좋아할 수도 있고 싫어할 수도 있다. 좋은 상사도 있고 싫은 상사도 있다. 좋은 후배도 있고 싫은 후배도 있다. 좋은 아이도 있고 싫은 아이도 있다. 좋은 부모일 수도 있고 싫은 부모일 수도 있다. 우리는 어떤 사람을 좋아하거나 싫어한다. 만약 어떤 사람을 좋아하지도 싫어하지도 않는다면 그 사람은 우리에게 별로 중요한 사람이 아닐 가능성이 높다. 아이와 당신의 관계를 힘과 감정의 축을 이용해서 정의해 보자.

힘이 세고, 좋아하는	힘이 세고, 싫어하는
힘이 약하고, 좋아하는	힘이 약하고, 싫어하는

부모와 아이는 어떤 관계인가? 대체로 힘의 축은 한 쪽으로 기울어져 있다. 부모는 거의 모든 면에서 아이보다 힘이 세다. 이에 반해 감정은 같을 수도 다를 수도 있다. 만일 아이가 부모를 싫어하면, 부모는 당연히 받아야 할 사랑과 존경을 받지 못했다고 생각해 좌절하고 강압적으로 행동할 수 있다. 이런 관계의 부모는 강압적이고 명령에 가까운 방식으로 말하는 경향이 있다. '갑질'을 할 가능성이 높다. 반면에 아이가 부모를 좋아하면, 아이는 부모의 힘과 권위를 인정하고 존경한다. 부모가 바라는 가장 이상적인 관계다.

자신이 위에 있다고 여기는 부모는 가르치거나 조언하는 방식으로 대화한다. 아이는 좋아하는 사람의 말을 따르는 것을 복종이라고 생각하지 않는다. 그러나 영원히 변치 않는 관계는 없다. 관계를 지탱하던 힘과 감정도 시간이 지나면서 변한다. 모든 것은 유연함을 잃어버리면 죽는다. 관계도 그렇다. 항상 지시하는 부모와 복종하는 아이의 관계는 마치 부모는 계단 위에, 아이는 계단 아래 앉아서 대화하는 것처럼 부자연스럽다. 때로는 계단을 내려와서 아이와 대화할 수 있는 유연한 태도가 필요하다.

아이의 세계는
다르다는 이해

'우물 안 개구리'의 세계와 '우물 밖 개구리'의 세계는 다르다. 우물 안 개구리는 세계에 대한 자신의 믿음이 틀릴 수도 있으며, 자신의 믿음과 다른 개구리의 믿음이 같지 않다는 것을 인정해야 우물 밖으로 나올 수 있다.

여기에 우리의 또 다른 믿음이 작용한다. '우물 안 개구리보다 우물 밖 개구리가 더 많은 것을 알고 더 정확하게 알고 있다. 그래서 세상에 대해서는 우물 밖 개구리의 믿음이 더 낫다'고 믿는다. 반대로 우물 안 개구리의 믿음은 미숙하고 가치 없는 것으로 여긴다. '부모는 우물 밖 개구리이고 아이는 우물 안 개구리다.'

이 믿음은 진실일까? 부모가 아이를 우물 안 개구리로 여길 때의 함정은 아이를 우물 밖으로 꺼내는 것이 최선이라고 믿는 것이다. 그래서 아이에게 끊임없이 우물 밖으로 나오라고 말한다. 그러나 우물 안과 밖은 그저 다른 세계일 뿐이다. 부모와 아이가 서로의 세계를 이해하려면 자신의 세계에서 벗어나 상대의 세계로 이동해야 한다.

우물 안 개구리처럼 생활 터전을 바꿔야 하는 경우도 있지만, 일상에서 우리는 자세를 바꾸는 것만으로도 문제를 해결할 수 있다. 일상의 미스터리 중 하나는 물건들이 자꾸 없어진다는 것이다. 특히 TV 리모컨은 언제나 옆에 두지만 항상 찾게 된다. 방금 전까지 사용하던 리모컨이 사라진다. 아무리 찾아도 없다. 그런데 자리에서 일어서는 순간 리모컨이 나타난다. 내가 앉아 있던 자리 근처에 있었는데 왜 찾지 못했는지 이상한 일이다. 눕거나 앉거나 걷거나 뛰면서 보는 세상은 다르다. 조망의 변화는 대상에 대한 인식을 바꾼다. 마찬가지로 우리가 다른 사람을 어떤 조망에서 보는가에 따라 그 사람에 대한 감정이 달라진다.

건축가 유현준은 왕좌를 높은 곳에 두듯이 공간의 높이가 권력의 상징이라고 말한다. 부모는 높은 곳에 있고 아이는 낮은 곳에 있다. 이런 차이 때문에 부모가 자신의 '바람'과 '의도'를 말해 주지 않으면, 아이는 부모의 말을 강압적인 '지시'와 '명령'으로 이해한다. 또한 부모는 시간적으로 더 길게, 공간적으로 더 넓게 볼 수 있는 반면, 아이의 조망은 제한적이다. 부모는 시간과 공간을 확장했을 때 어떤 일이 일어나는지를 말한다. 10년 후에는 어떤 일이 일어날지, 직장에 가면 무슨 일이 일어날지와 같은 주제다. 그러나 이것들은 아이의 시선이 닿지 않는 주제일 수 있다. 시간 조망에 대한 연구를 보면 어른은 미래에 가치를 두는 반면 아이들은 현재에 더 큰 가치를 둔다. 부모와 아이의 조망 중 어느 것이 더 중요한가? 우리는 보는 곳에 마음이 있다는 것을 알고 있다. 그러니 우문처럼 보이겠지만 한번 고민해 보자. 현재인가 아니면 미래인가?

우리가 잘 알고 있는 심리학 실험 중에 매시멜로 테스트가 있다. 아이들은 매시멜로를 하나 더 얻으려고 눈앞의 매시멜로를 먹지 않고 기다린다. 아이들이 얼마나 필사의 노력을 기울이는지를 보면 안타깝기도 하고 우습기도 하다. 무엇보다 아이의 성공을 바라게 된다. 마침내 성공한 아이의 얼굴에서 빛나는 미소를 보면 안도감과 함께 뿌듯함을 느낀다. 우리가 기대하는 아이의 모습은 그런 모습일 것이다. 그러나 모든 아이가 성공하는 건 아니다. 만일 당신의 아이가 참지 못하고 매시멜로를 먹었다면 실망할 것인가? 아니면 매시멜로가 얼마나 맛있었는지 물으며 함께 즐거워할 것인가? 아니면 다음을 위해 매시멜로를 먹지 않고 참는 방법을 가르쳐 줄 것인가? 다행히도(?) 당신의 아이가 성공했면 당신은 무엇에 대해 칭찬할 것인가? 대개의 부모는 "와, 잘했어. 네가 잘 기다려서 두 개를 갖게 된 거야"라고 칭찬한다. 아이의 성취에 대한 인정이다. 나쁘지 않다.

그럼 이제 아이의 마음에 집중해 보자. 얼마나 먹고 싶었을지에 대해, 중간에 포기하고 싶었던 순간에 대해, 기다리는 동안 사용했던 전략들에 대해 이야기해 보자. 그리고 왜 기다렸는지 아이에게 물어보라. 아이들은 가족이 밖에서 기다릴 때 더 잘 참는다. 특히 한국 아이들이 그렇다. 엄마에게 주려고, 혹은 동생과 나눠 먹으려고 참는다. 그런데 잘 기다릴 수 있는 아이가 기다리지 않는 경우가 있다. 바로 나중에 두 개의 매시멜로를 주겠다고 말하는 사람을 믿을 수 없을 때다. 이전에 약속을 어겼던 사람이 기다리라고 했을 때 많은 아이가 눈앞의 매시멜로를 즉시 먹어치웠다. 아이들은 불확실한 미래가 아닌 눈에 보이는 현재를 선택했다. 어른들도 비슷한 선택을 한다!

이처럼 우리의 행동에는 과거와 현재와 미래가 섞여 있다. 시간조망에 대한 연구를 한 짐바르도는 가장 바람직한 태도는 시간조망들 (과거, 현재, 미래) 간의 균형이라고 말한다. 다시 말하면 아이의 마음과 부모의 마음의 균형이다. 균형을 잡기 위해 우리가 할 수 있는 최선은 아이들과 함께 시간에 대해 자유롭게 이야기하는 기회를 가능한 한 많이 만드는 것이다. 실제 경험도 좋고 가상의 이야기여도 좋다. 초등학생들은 대상이 구체적일 때 더 잘 이해한다. 모든 시간의 가치를 인정하는 대화를 하라!

다른 사람 입장에서
보는 말을 자주하기

우리는 공감이 사람 사이의 관계를 연결하는 접착제라고 믿는다. 공감은 우리가 어울려 살아가는 데에 꼭 필요한 능력이다. 공감은 다른 사람의 생각과 감정을 이해하고 경험하는 능력을 말한다. 공감은 인지적 공감과 정서적 공감으로 나뉜다. 대개는 다른 사람과 같은 감정을 느끼는 정서적인 측면에 초점을 두지만, 다른 사람의 입장에서 세상을 보고 해석하는 인지적인 측면도 있다.

인지적 공감은 타인의 감정을 지각하고 이해하며, 타인의 마음에 대한 보다 완전하고 정확한 지식을 갖는 것이다. '네가 얼마나 화가

나는지 이해하지만, 너와 같은 감정을 느끼지는 않는다.'

정서적 공감은 타인과 같은 감정을 느끼는 것이고 타인의 곤경을 지각해서 고통을 느끼거나 연민을 느낀다. 이때 반드시 상대의 마음을 이해하는 것은 아니다. "난 눈물이 나. 왜 그런지는 몰라. 난 원래 다른 사람이 울면 따라 울어." 뇌과학자들은 이런 정서적 공감이 가능한 이유를 거울뉴런에서 찾는다. 공감할 수 있는 장치를 타고난다는 뜻이고 그만큼 이 능력은 우리의 생존에 중요하다.

인지적 공감이든 정서적 공감이든 공감은 사람들과 관계를 맺고 유지하는 데 도움이 된다. 공감을 잘할수록 다른 사람의 고통을 줄이려는 노력을 더 많이 한다. 다른 사람을 해치는 행동을 하지 않고 고통을 당하는 사람을 위로한다. 그렇지만 공감이 만능은 아니다. 다른 사람의 고통이 자신의 고통처럼 느껴져서 스트레스를 받는 사람도 있다. 이런 사람들은 자신의 스트레스를 줄이려고 고통받는 사람을 피한다. 어떤 사람이 다른 사람의 고통을 외면하는 것처럼 보인다고 해서 공감을 못한다는 의미는 아니다. 환자의 고통에 공감하지 못하는 의사는 환자를 치료 대상으로 여기지만, 지나치게 공감하는 의사는 치료를 못 하거나 환자를 회피할 수도 있다. 우리에게 도움이 되는 것은 적당한 정도의 공감이다.

아이들의 공감 능력은 어떨까? 정서적 공감은 상당히 어린 아이들도 보여 준다. 두 살 정도의 아이도 공감 능력이 있다. 울고 있는 또래나 성인에게 먹을 것이나 사탕을 주며 달래려고 시도한다. 이에 비해 인지적 공감은 사고 능력을 바탕으로 하기 때문에 다소 시간이 걸린다. 다른 사람의 관점에서 보는 '조망 수용 능력'이 필요하다. 부모들은 "너도 맞으면 아프지, 그럼 친구는 어떨 것 같아?"라고 묻는다. 이런 말들은 아이의 인지적 공감 능력이 발달하는 데 도움이 된다. 이제 우리 자신에게 물어보자.

'내가 아이의 입장이라면?'

이것은 마법의 주문과 같은 것이다. 가끔씩 이 질문을 하는 것만으로도 아이에게 다가갈 수 있다.

마음 능력을
키우는 방법

나는 어떤 마음을 갖고 싶은지를 스스로에게 물어본다.

어떤 것에도 흔들리지 않는 바위 같은 마음을 갖고 싶다.

세상의 변화에 따라 흔들리는 갈대 같은 마음을 갖고 싶다.

　　예전에는 갈대보다 바위 같은 마음을 더 고상하고 이상적인 상태로 여겼다. 그래서 갈대처럼 흔들리는 나를 보며 실망하고 좌절하고 때로 창피했다. 누군가 바위는 무생물이고 갈대는 생물이라고 말했지만, 그때는 '그래서 뭐?'라고 생각했다. '어쨌든 나는 바위가 될 것이다.' 그러나 시간이 지나면서 흔들리며 꺾이지 않는 갈대의 가치를 깨닫게 되었다. 바위는 '경직과 완고함'이고 갈대는 '적응과 유연함'이 되었다. 이제 다시 물으면, 땅에 뿌리를 박은 갈대 같은 마음을 갖고 싶다고 답한다. 당신은 어떤 마음을 갖고 싶은가요?

아마도 집에 자기계발 책 한두 권 정도 없는 사람은 없을 것이다. 어떤 사람은 돈을 벌고 싶어서, 어떤 사람은 연애를 하거나 인기를 얻고 싶어서, 어떤 사람은 남과는 다른 아이디어를 만들고 싶어서, 또 어떤 사람은 자존감을 높이고 싶어서 그런 책을 산다. 분명 이런 책들은 어느 정도의 진실을 담고 있고, 사람에 따라 다르지만 어느 정도의 효과도 있다. 그러나 이런 책들에는 겉으로 드러나지 않도록 슬쩍 숨겨 둔 사실이 있다. 어떤 것을 배우는 과정에 필연적으로 좌절과 후퇴가 들어간다는 것이다. 굳게 결심하고 조언들을 실천하지만, 조금 나아진 듯 하다가 다시 옛날로 돌아간다. 이런 동요는 정상적인 발전 과정이다. 노력하면 반드시 더 나아질 것이라는 기대와 믿음은 실패하거나 후퇴했을 때 '역시 나는 안 돼!'라며 쉽게 포기하는 함정에 빠뜨린다. 기억하자! 정체나 후퇴가 실패는 아니다. 마음 능력을 키우는 과정도 다른 것들을 배우는 과정과 같다.

 '뭘 하든지 십 년은 해야지!' 우리는 무슨 일이든 십 년을 하면 한 분야의 전문가가 되리라고 믿는다. 이것이 십 년의 법칙 혹은 만 시간의 법칙이다. 심리학자인 칼 에릭슨은 세계적인 수준의 연주자와 선수들을 연구한 결과, 그들이 꾸준히 매일 십 년을 연습했다는 사실을 발견했다. 여기서 주목할 점은 십 년이라는 시간이 아니라 연습 방식이다. 의식적으로 자신의 수행을 분석하고 평가하고 수정하는 방식으로 연습한 사람들만이 세계적인 수준에 올랐다. 자신은 손

홍민이나 박세리, 조성진 아니라고 불평하는 사람들이 있다. 그렇다면 우리 주변에서 볼 수 있는 '생활의 달인'들을 떠올려 보라. 같은 일을 하지만 수준이 다른 경지에 오른 사람들은 단순히 손재주가 좋은 것이 아니라 자신의 일에 관심이 있었기에 이해에 기초한 훈련을 했다. 이처럼 우리가 '마음 능력의 달인'이 되려면, 마음에 대한 관심과 이해에 근거해 의식적으로 연습할 필요가 있다. 피아노를 연주할지 혹은 축구를 할지는 개인에 따라 다르다. 그러니 자기에게 더 편안하게 느껴지는 활동을 찾아 마음 연습을 시작하면 된다.

마음을 조절하려면 어떻게 해야 할까?

우리는 마음을
만들어 낼 수 있을까?

그렇다. 우리는 다른 사람을 칭찬하고 보상을 줌으로써 동기와 바람을 만들고, 상대를 설득해서 새로운 믿음과 목표를 만든다. 우울하고 슬픈 사람의 믿음을 다르게 바라보게 하는 방법을 통해 감정을 바꾼다. 또한 물리적 환경이나 물건 디자인으로 사람의 감정과 행동을 바꾼다. 상담, 광고, 마케팅, 정치 연설, 교육, 디자인 모두 사람의 마음을 새로 만들거나 바꾸어 행동을 변화시키려는 목적이 있는 활동이다.

또한 다른 사람의 마음을 만드는 것과 같은 방식으로 자신의 마음을 만들 수 있다.

성격을 만드는
5가지 요인

어떤 사람들은 누군가를 만나면 혈액형이나 별자리를 물어보고, 그 사람의 타고난 특성을 예측한다. 그들은 사람을 네 가지 유형 또는 열두 가지 유형으로 나눈다. 그들은 혈액형이 성격을, 별자리가 운명을 알려 준다고 믿는다. 이런 사람들은 성격이 결정돼 있으며 변하지 않는다고 믿는다.

사람의 성격에 대한 관심과 연구 덕분에 이제 사람들은 성격이 온전히 타고나는 것이 아니라 경험과 학습을 통해 만들어진다는 것을 알고 있다. 우리는 '성격이 상당한 정도 만들어질 수 있다'는 가정에서 출발할 것이다. 성격을 바꾸는 가장 간단한 방법은 성격 전체가 아니라 성격의 구성 요소 중 일부에 변화를 주는 것이다. 큰 것보다 작은 것이 다루기 더 쉽다. 이런 목적에 가장 잘 들어맞는 이론인 '5요인 이론(혹은 Big5 이론)'에 초점을 맞출 것이다. 5요인 이론은 사람들이 자신을 묘사하는 단어들을 수집해서 비슷한 것끼리 묶는 방식으로(컴퓨터를 이용하는 복잡한 통계 방법이다) 찾아낸 5가지 요인으로 개인차를 설명한다. 외향성, 친화성, 개방성, 성실성, 및 신경증의 점수 프로파일로 개인을 구분한다. 예를 들면, '가거'라는 사람은 외향성과 친화성은 높은 반면 개방성, 성실성 및 신경증은 중간 정도다. '고규'라는 사람은 신경증이 높다는 것을 제외하고 '가거'와 동일하다. 이처럼 단 한 가지만 달라도 전혀 다른 사람이 된다. 지문처럼 성격 프로파일이 똑같은 사람은 없다. 이 말은 새로운 성격을 만들고 싶다면, 이 중 어느 하나만 변해도 된다는 뜻이다. 성격은 세상을 해석하는 방식, 세상에 대한 감정, 그리고 세상에 대해 반응하는 방식의 조합이다. 따라서 성격이 달라졌다는 것은 마음이 달라졌다는 뜻이기도 하다. 전체를 혁신적으로 바꿀 필요도 없다. '아'와 '어'처럼 아주 작은 차이가 전혀 다른 것을 만든다. '작은 차이가 중요하다'는 말은 우리 마음에도 적용된다. 작은 변화로 마음을 만들어 낼 수 있다. 심리 상담이 하는 일도 결국 마음의 작은 조각을 이용해 새로운 마음을 만들어 내는 작업이다.

- **외향성**: 다른 사람과의 상호작용을 원하고 관심을 끌고자 하는 정도
- **친화성**: 다른 사람과 편안하고 조화로운 관계를 유지하는 정도
- **성실성**: 사회적 규칙, 규범, 원칙을 기꺼이 지키려는 정도
- **개방성**: 새로운 경험이나 혁신에 대한 거부감이 적고 도전을 하는 정도
- **신경증**: 정서적으로 안정적이고 세상은 위협적이지 않으며 통제할 수 있다고 믿는 정도

내 마음을 알아채고
바꾸는 간단한 방법

우리는 자주 다른 사람의 행동을 보고 '이상하다'고 말한다. 때로는 자신이 뭔가 '이상하다'고 느낀다. '이상하다'는 자신과 다르다거나 기대에서 벗어났다거나 평균에서 벗어났다는 의미다. 우리는 이상한 세상에서 이상한 사람들과 살면서 자신도 이상하게 될까 봐 불안에 떨고 있다. 우리는 모두 조금씩 이상하다.

실제로 이상과 정상을 구분하는 건 쉽지 않다. 심리학 공부를 시작하는 사람은 보통 심리 장애나 질병에 대한 내용을 읽다가 자신에게도 같은 증상이 있다는 것을 알고는 놀라고 걱정한다. 나도 불안 장애가 있나? 우울증인가? 자폐적 성향이 있나? 등등. 건강염려증에 걸린 사람처럼 굴기도 한다. 우리는 자신의 마음을 들여다보고 놀란다. 내 마음이 이랬어? 이렇게 이상했어? 어쩌면 이것은 그저 낯선 것에 대한 자연스러운 반응일 수 있다. '내 마음이 낯설다!'

마음과 친해지면 많은 문제가 해결된다. 마음을 내버려두면 어느 순간 정말 내 것이 아니게 될 수 있다. 누군가의 도움을 받지 않으면 안 될 정도로 통제 불능 상태가 된다. 그렇게 되기 전에 마음과 친해질 필요가 있다. 친해지는 가장 간단한 방법은 자주 만나는 것이다. 따라서 자신의 마음에 관심을 갖고 자주 들여다봐야 한다. 관심을 가지면 마음에 대해 많이 알게 되고, 마음을 알게 되면 스스로 관리할 수 있게 된다. 다시 말하면 마음을 바꾸거나 만들 수 있다.

'난 왜 살고 있지?', '계속 이렇게 살아야 하나?'라는 생각이 떠오르면, 주섬주섬 옷을 입고 운동화를 신고 밖으로 나가기를 권한다.

'우울해지려고 하네. 이건 그냥 화학물질의 장난이야. 햇볕을 쬐자'고 생각한다. 밖으로 나가 평소보다 힘차게, 마치 즐거운 일이 있는 사람처럼 걷는다. 별것 아닌 것처럼 보이지만 기대 이상으로 효과가 있다. 단순히 햇볕 아래에서 잠시 걷는 것만으로 불행하고 무기력한 마음에서 벗어날 수 있다. 때로는 간단하게 스스로 마음을 만들 수 있다. 부모가 건강해야 아이가 건강할 수 있다는 것을 잊지 말자. 자신의 마음을 잘 돌보는 부모가 아이의 마음을 잘 돌볼 수 있다.

말로 아이의 자존감을 높이는 방법

2016년 리우 올림픽 펜싱결승전을 앞두고 '할 수 있다'를 되뇌던 박상영 선수의 모습은 국민들의 기억에 강렬하게 남아 있다. 자신을 가치 있고 존중받을 만한 사람으로 여기는 긍정적인 감정을 자존감이라고 한다. 요즘 사람들은 자존감이 조금이라도 낮아지면 큰일 날 것처럼 행동한다. 아이의 자존감이 떨어질 것을 걱정하는 부모는 아이에게 항상 "넌 특별한 존재"라고 말하고, 잘못을 지적하거나 비판하지 않으려고 한다. 그런데 자존감은 어느 정도만 있으면 충분하다. 자존감이 낮을 때는 문제가 되지만 높을수록 좋은 것은 아니다. 어느 정도까지는 노력한 만큼 효과가 있지만 그 수준을 넘어가면 들인 노력에 비해 효과가 높아지지 않는다. '항상' 자신을 가치 있는 사람으로 여기라는 것은 지나치게 높은 기대다. 우리는 새로운 상황에 부딪칠 때마다 자존감이 낮아지지만, 곧 회복한다. 이런 자존감의 동요는 자연스럽다. 자존감이 낮아졌다고 불안해할 필요 없다. 관심을 가져야 하는 것은 '얼마나 오랫동안 그런 상태가 지속되고 있는 가'다. 아이들도 학교에 들어가거나 새로운 과제를 받으면, 일시적으로 자존감이 낮아질 수 있다. 이것은 그저 뭔가 새로운 도전 과제가 생겼다는 신호다. 부모는 아이가 과제를 해결하는지를 지켜보면서 때로 지원하면 된다. 하지만 오래 지속되면(대략 2주 이상) 관심을 가져야 한다.

만일 누군가 "나 요즘 자존감이 낮아!"라고 말한다면, 우리는 이 말을 어떻게 해석해야 할까? '나는 자존감이 낮아서 작은 일에도 상처를 받아. 그러니 조심해 줘' 혹은 '나는 성공을 경험하지 못해서 자존감이 낮아졌어. 내가 괜찮은 사람이라고 칭찬해 줘'로 해석할 수 있을 것이다. 자존감이 낮다는 것은 주관적 평가다. 그래서 다른 사람이 객관적인 증거를 들어 반박하거나 위로해도 쉽게 변하지 않는다. 주변에서 도와줄 수 있지만, 자존감을 높일 책임은 자기에게 있다. 결국 스스로 괜찮은 사람이라고 느껴야 한다.

만일 자신이 현재 어떤 상태인지 모르겠다면 '로젠버그의 자존감

검사'를 해 보는 것도 괜찮은 방법이다(인터넷에서 검색하면 쉽게 찾을 수 있다). 이 검사에 따르면, 자존감이 높은 사람은 자기에게 만족하고, 자기는 장점이 많고, 적어도 다른 사람만큼 일을 잘하고, 가치 있다고 여긴다. 반대로 자존감이 낮은 사람은 자기는 쓸모없는 실패자라고 생각하는 경향이 있으며 좋은 사람이라고 평가하지 않는다. 만일 자존감이 낮아졌다면 어떻게 해야 회복할 수 있을까? 한 가지 방법은 올림픽에 출전한 선수처럼, 혹은 자존감이 높은 사람처럼 자신에게 말하는 것이다. 가능하면 기분 좋은 사람처럼 경쾌한 목소리로 말한다. 아래의 말들은 자존감을 높이는 데 도움이 되는 것들이다. 카드에 적어 놓고 차례대로 읽어도 좋다. 아이를 쳐다보면서 말하듯이 읽어주고, 아이가 스스로 읽도록 격려하라. 이 말은 아이뿐 아니라 당신에게도 도움이 된다.

"나는 대체로 나 자신에게 만족한다."

"나는 장점이 많다."

"난 다른 사람만큼 일을 잘한다."

"나는 가치 있다."

"나는 나를 존중한다."

"나는 칭찬받을 자격이 있는 사람이다."

"오늘 나 자신이 마음에 든다."

"오늘 일이 잘될 것 같다."

"일을 잘 끝낸 나 자신이 좋다."

"나는 마음먹은 대로 잘해 나가고 있다."

말이 행동을 이끈다

앞에서 보았듯이 혼잣말은 생각을 만들어 내고, 그것이 우리의 마음이 된다. 러시아의 심리학자 비고츠키는 혼잣말이 생각을 만든다고 주장했다. 그 과정은 아주 단순해 보인다. 우리는 처음에는 소리 내 말하고 나중에는 소리 없이 말한다. 소리 없는 말이 바로 생각이다. 이 주장을 일상의 문제에 적용해서 더 구체적인 방법을 제시한 사람이 마이켄바움이다. 그는 자기 지시 훈련을 통해 사고나 행동을 학습할 수 있다고 제안했다. 실제로 아이들에게 혼잣말 혹은 자기 지시를 가르치자 학습과 사회성 발달에 상당한 효과가 있었다.

자기 지시는 아이뿐 아니라 스트레스를 받거나 어떤 이유에서인지 사고 능력이 떨어진 어른에게도 유용하다. 머리가 복잡해서 집중이 되지 않을 때 해야 할 일을 중얼거려 본 경험이 있을 것이다. "먼저 파란색을 넣고 다음으로 노란색을 그 옆자리에 꽂는다." 이런 행동을 '큰소리로 생각하기(think aloud)'라고 한다. 이러면 자신의 생각을 소리로 들을 수 있다. 소리로 알게 된 마음은 쉽게 다룰 수 있는 대상이 된다. 이처럼 스스로에게 하는 말은 마음을 보여 줄 뿐 아니라 마음을 만든다.

어떤 마음을 갖고 싶은가? 어떤 부모가 되고 싶은가? 스스로에게 그리고 아이에게 이렇게 말해 보라.

"나는 좋은 어른이 될 수 있다."

"나는 아이가 할 때까지 기다릴 수 있다."

"나는 도움을 줄 능력이 있다."

"나는 믿을 만한 사람이다."

"난 너의 뒤에 서 있을 것이다."

"나는 네가 힘들 때 위로를 받을 수 있는 사람이다."

하지만 골방에 갇혀 "나는 가치 있는 사람이다!"라고 외치는 것으로 충분하지 않다. 실제로 성공하는 경험이 필요하다. 굳이 크고 거창한 성공일 필요는 없다. 사소하고 작은 성공은 성취 가능성이 높기 때문에 자존감이 낮아진 사람에게 적당하다. "티끌 모아 태산이다!"

아이가 자존감을 높일 수 있는 말들을 보고 들을 기회를 많이 만들어 보라. "나는 어제보다 더 나아졌어", "나는 도움이 되는 사람이야"라는 말이 적힌 문구를 잘 보이는 곳에 적어 놓고 수시로 볼 수 있게 하라(책상 위에 붙여 놓은 '할 수 있다'는 말이 실제로 효과가 있다는 연구 결과가 있다). 자신에게 하는 말은 성공할 수 있는 사람이라는 믿음을 만들고 문제를 해결하도록 안내하고 지시하는 역할을 한다.

행동이 마음을
만들기도 한다

마음을 표현하는 데에 익숙하지 않은 사람에게 말로 마음을 만들라는 요구는 어려울 수 있다. 그런 사람은 새로운 마음 만들기를 포기해야 하는가? 아니다. 조금 더 단순한 방법이 있다. 심리학의 아버지라 불리는 윌리엄 제임스가 말한, "무서워서 도망가는 것이 아니라 도망가니까 무서운 것이다"를 이용할 수 있다.

이 생각을 실제 행동에 적용한 대표적인 예가 바로 메소드 연기법이다. 배우가 맡은 역할을 통해 그 인물의 생각과 감정을 알게 되고 그러면 사실에 가까운 연기를 할 수 있게 된다고 한다. 어떤 배우는 노숙자의 마음을 알고 싶어서 실제로 노숙자처럼 말하고 행동하며 노숙 생활을 했다. 어떤 사람은 관절을 잘 움직일 수 없도록 특수하게 만든 옷을 입고 노인의 일상을 경험하는 프로젝트를 진행하면서, 노인들이 느끼는 위축감과 경계심을 경험하고 이해하게 되었다고 한다. 이들은 걸음이 느려 횡단보도를 건너지 못하거나 지하철을 타지 못할지도 못한다는 불안감 때문에 다른 사람을 밀치고 앞으로 나아가는 노인의 마음도 이해할 수 있게 되었다고 한다. 우리도 이 방법으로 마음을 만들 수 있다. 어떤 행동을 하면 그 행동과 연결된 감정을 느끼거나 생각을 알게 된다. 분노를 조절해야 할 때 이 방법을 사용할 수 있다. 화나지 않은 사람처럼 행동하는 것이다.

"행복해서 웃는 것이 아니라 웃어서 행복한 것이다." 이 말은 진실일까? 심리학 연구 결과는 '그렇다'이다. 정서심리학자 제임스 레어드는 이 가설을 확인하려고 사람들의 얼굴에 전기 장치를 부착해서 인위적으로 표정을 만들었다. 눈썹 사이에 부착된 전극을 맞닿게 해 찡그린 표정을 만들고, 입꼬리 부근에 부착된 전극을 귀 쪽으로 잡아당겨 웃는 표정을 만들었다. 그런 다음 감정 단어 목록을 보여주고 지금 느끼는 감정을 선택하게 했다. 그랬더니 사람들은 만들어진 표정과 일치하는 단어를 골랐다.

찡그린 표정을 지은 사람은 분노나 짜증을, 웃는 표정을 지은 사람은 기쁨을 선택하는 경향이 있었다. 이후에도 비슷한 형태의 연구가 진행됐다. 그중에서 가장 널리 알려진 실험은 전기 자극 대신 연필을 이용하는 연구다.

연필을 무는 방식에 따라 다른 표정을 만들 수 있다. 이로 연필을 물고 있을 때는 입이 양옆으로 길게 벌어지는 반면(웃는 표정) 입술로 물고 있을 때는 입술이 앞으로 튀어나온다(뚱한 표정). 이 상태에서 자신이 느낀 감정을 보고하거나 4컷 만화를 보고 얼마나 재미있는지를 말하게 했더니, 예상대로 웃는 표정의 사람들이 더 행복하다고 보고했고 만화가 더 재미있다고 말했다.

또 다른 연구에서는 보톡스를 맞아 얼굴 근육이 제대로 움직이지 않는 사람이 느끼는 감정을 측정했다. 보톡스는 근육 수축을 담당하는 신경을 마비시켜 주름을 사라지게 만든다. 그 결과 표정이 없어지고 감정도 덜 느끼게 된다. 예를 들면 보톡스를 맞은 후에는 벌레를 먹는 것 같은 혐오스러운 장면을 보아도 평소보다 역겨운 느낌이 덜하다고 느낀다. 반면에 기쁨도 덜 느끼게 돼 우울감을 호소하기도 한다. 보톡스를 맞았다면, 평소보다 감정이 둔해질 수 있다. 감정이 둔감해져 아이에게 화를 덜 내고 갈등이 줄어드는 장점도 있을 수 있지만 아이가 좋은 성적을 받아 오거나 멋진 그림을 그려도 평상시보다 덜 기뻐할 단점도 있을 수 있다.

표정이 감정을 부르고, 감정이 또 감정을 부르고

"그때를 생각하니 또 다시 화가 나네."

화가 났던 때를 떠올리면, 얼굴 표정이 찡그려지고 심장박동이 빨라지며 열이 난다. 기억이 우리를 화가 난 상태로 이끈다. 반대로 화가 난 상태가 화난 기억을 떠올리게도 한다. 아마 친구나 가족과 말다툼하다가 예전의 일을 끄집어낸 경험이 있을 것이다. "이번만이 아니야. 전에도 내 물건을 허락 없이 가져간 적이 있잖아." 평상시에는 떠오르지 않던 일들이 선명하게 떠오른다. 우울할 때 슬픈 기억이 계속 생각나서 더 우울해지도 한다. 이런 일이 일어나는 이유는 표정(감각 운동)과 기억(사고), 감정이 서로 연결돼 있기 때문이다. 따라서 표정은 쉽게 우리 마음을 바꾸는 장치가 될 수 있다.

지금 얼굴 표정을 바꾸어 보라. 활짝 웃는 표정, 우울한 표정, 화난 표정을 짓고 자신에게 어떤 변화가 일어나는지 경험해 보라. 좋은 기분으로 하루를 보내고 싶다면, 거울에 웃는 표정을 그려 두거나 활짝 웃는 자신의 사진을 휴대폰 배경 화면으로 설정해 두자. 그리고 볼 때마다 표정을 따라해 보는 방법도 추천할 만하다.

표정만이 아니라 자세나 움직임도 감정과 생각을 불러온다. 우리가 매일 반복하는 걸음도 자세와 방식에 따라 마음을 만들어 낼 수 있다. 걷는 자세를 떠올려 보라. 오늘 당신은 어떻게 걸었는가? 팔을 앞뒤로 힘차게 흔들며 다리를 길게 쭉쭉 뻗고 마치 점프하듯 성큼성큼 걸었는가? 아니면 어깨를 축 늘어뜨리고 작은 보폭으로 마치 발을 바닥에 끄는 듯이 걸었는가? 걷는 방식을 바꾸는 것만으로도 행복과 불행을 만들어 낼 수 있다. 기분이 울적한 날에 가슴을 활짝 펴고 신나는 일이 있는 사람처럼 힘차게 걸으면 우울한 기분이 줄어든다. 한 연구에서 노인처럼 걸으라는 지시를 받은 학생은 평소처럼 걸으라는 지시를 받은 학생보다 훨씬 더 우울한 기분을 느꼈다고 한다.

이밖에도 집중이 필요할 때는 주먹을 꼭 쥐거나 팔짱을 끼고 어깨를 편 상태로 고개를 들어 보라. 다이어트를 할 때는 음식 접시를 살짝 밀어 보자. 불안할 때 몸에 힘을 빼면 불안이나 두려움이 줄어든다. 이처럼 몸(근육과 자세, 움직임)으로 마음을 만들려면, 자신의 몸을 통제할 수 있어야 한다. 평소에 얼굴 근육이나 몸의 근육을 긴장하거나 이완하는 연습을 하면 도움이 된다.

표정과 움직임으로 마음을 바꿀 수 있다는 것은 다행이다. 그런데 새로운 마음 상태로 만들려고 일부러 어떤 행동을 할 때 우리는 자신의 의도를 분명히 알고 있다. 그렇지만 아이와 대화할 때는 주의해야 한다. 아이는 왜 그런 행동을 하는지 알지 못할 수 있다. 화가 난 상황에서 평온한 얼굴을 하거나 웃는 표정을 짓는 우리의 행동이 이상해 보일 것이다. 아이에게 자신의 의도를 알리는 것이 좋다.

　"나는 화가 났어. 표정을 바꾸면 감정이 바뀌니까, 화를 줄이려고 아무렇지 않은 표정을 짓고 있는 거야."

　이 말을 하지 않으면 아이는 우리가 마음을 감추려고 거짓 행동을 하고 있다고 오해할 수 있다. 무엇보다 아이에게 훈련과 연습을 통해 감정을 조절할 수 있다는 것을 알려 줄 것이다.

　아이와 함께 다양한 감정에 따른 표정과 몸짓을 만들어 보라. 그리고 이것을 어떻게 사용할 수 있는지를 알려 주자. "슬프거나 우울할 때 '웃는' 표정을 지으면, 기분이 나아질 거야" 아니면 "기분이 좋은 척 가슴을 쫙 펴고 행진하듯이 걸어봐!" 아니면 "올림픽에서 금메달을 딴 듯이 두 팔을 번쩍 치켜들어 봐".

　표정과 몸짓 중 몸짓이 표정보다 영향력이 높다는 연구 결과가 있다. 슬픈 표정으로 손을 든 승리 자세를 취했을 때, 슬픔보다 기쁨이 더 컸다고 한다. 표정 짓기를 어색해하거나 어려워하는 아이도 있다. 이런 아이에게 몸짓과 움직임은 보다 쉬운 대안이 될 수 있다.

마음을 읽는 능력을 높이는 방법

훈련과 연습으로 높이는
마음 능력

마음을 읽는 능력이 부족한 사람들이 있다. 자폐적 성향이나 장애가 있는 사람들이 그렇다. 예전에는 자폐증이라고 해서 경계가 분명한 장애로 여겼지만, 지금은 자폐스펙트럼 장애라고 한다. 자폐적 특성이 있고 없는 상태로 양분하는 것이 아니라 자폐적 특성을 얼마나 많이 갖고 있는지에 따라 구분한다. 자폐적 특성이 있는 사람은 사회에 적응하고자 '마음'을 읽고 말하는 훈련을 한다. 간단히 말하면, 마음을 읽고 말하는 능력은 진화의 산물이기도 하지만, 다른 능력과 마찬가지로 '훈련'과 '연습'으로 얻을 수 있는 기술이기도 하다. 그러니 우리도 할 수 있다.

**다음은 캠브리지대 심리학자 바론 코헨이 개발한
자폐스펙트럼 검사의 하위 영역들과 문항 샘플이다.**

• 제한적인 사회적 기술(limited social skill) – 나는 새로운 친구를 사귀
기가 어렵다, 나는 사람들의 의도를 파악하기 어렵다

• 주의전환 곤란(problems in attention switching) – 나는 어떤 일을 할
때 같은 방식으로 반복하기를 좋아한다. 나는 자주 한 가지 일에 깊이
몰두하여 다른 일을 소홀히 한다.

• 세부사항에 대한 관심(attention to detail) – 나는 때로 다른 사람이
듣지 못하는 작은 소리를 감지한다. 나는 차의 번호판이나 한 줄로 나
열된 정보에 항상 눈길이 간다.

• 의사소통의 곤란(problems in communication) – 전화로 이야기할 때,
나는 내가 언제 말해야 할지 잘 모르겠다. 때로 사람들은 내가 같은
말을 계속 반복한다고 말한다.

• 제한적인 상상력(limited imagination) – 나는 이야기에서 등장인물의
의도를 파악하기 어렵다. 나는 다른 사람의 입장에 선다는 것이 어떤
것인지 상상하기 어렵다.

마음 읽기 능력이 향상되는
노래하고 춤추기

크고 동그랗게 검은색으로 칠한 눈과 하얀색을 바른 입술 때문에

얼굴이 마치 두 개의 큰 점을 찍은 동그라미처럼 보인다. 머리에는 긴 자루처럼 보이는 붉은 색 천을 쓰고 있다. 거의 발목까지 내려오는 노란 줄무늬 옷은 조금만 움직여도 해파리가 춤을 추는 듯 흔들린다. 이런 요상한(?) 차림의 사람들이 손을 높이 들어 올리고 노래를 부른다. 멕시코 '죽은 자의 날'을 묘사한 것이다. 다소 기괴하게 보이지만, 우리도 수백 혹은 수천 명이 모여 붉은 옷을 입고 북소리에 맞춰 '대한민국'을 함께 외친 적이 있다. 종교 의식이 아니더라도 우리는 오래전부터 함께 모여 춤추고 노래했다. 다른 사람과 동시에 춤추고 노래하는 행위를 통해 우리는 공동체 의식이나 집단 정체성을 형성했을 뿐 아니라 다른 사람의 마음을 읽고 해석하는 능력을 발전시켰다.

함께 노래하고 춤 추려면 다른 사람의 소리와 동작에 주의해야 한다. 다른 사람이 높은 소리를 낼 때 우리는 같은 소리를 낼 것인지 아니며 낮은 소리를 낼 것인지 선택해야 한다(음치에 가까운 나로서는 큰 의미가 없다). 그리고 다른 사람이 앞으로 다가오면 우리는 뒤로 물러서야 한다. 이렇게 소리와 동작이 협응돼야 전체적으로 조화로운 춤과 노래가 된다. 춤추고 노래하는 동시에 계속 다른 사람에게 주의를 기울인다. 서로의 소리를 듣고 움직임을 보아야 하기 때문이다.

두 사람이 협력할 때도 단순히 서로를 쳐다보는 것을 넘어 공동의 목적을 향한 '공동의 주의'가 필요하다. 예를 들면, 무거운 물건을 함께 옮긴다고 가정해 보라. 상대가 좁은 문 앞에서 몸을 돌리고 있다. 상대가 어떤 의도로 몸을 돌리는지 추측하고 나도 몸을 약간 움직일 것이다. 주변 환경과 상대의 의도를 읽어야 적당하게 반응할 수 있다. 여러 사람이 동시에 함께하는 협력 활동은 상대의 바람과 의도를 읽는 훈련이다. 따라서 부모는 아이와 협력하는 활동을 함으로써 마음 읽기 능력을 향상시킬 수 있다. 여기에 적합한 것이 함께 춤추고 노래하기다. 주의할 점은 한 사람의 행동이 다른 사람의 행동에 영향을 미치는 활동이어야 한다는 것이다. 같은 시간 같은 공간에 모여 있지만 따로 노래하고 춤추는 것은 마음 읽기 능력을 향상하는 데 도움이 되지 않는다.

마음이론 능력이 성장하는 상상 놀이

어떤 아이는 상상 속에서 배트맨이 되었다가 스파이더맨이 되고 신데렐라가 되었다가 백설공주가 된다. 다른 아이는 엄마가 되고 아빠가 되고 아기가 된다. 또 다른 아이는 눈에 보이지 않는 무서운 괴물과 치열한 전투를 벌인다. 이 아이들이 하고 있는 것은 가장 놀이다. 놀이가 일어나는 곳은 상상 속이거나 현실 속이다. 아이들은 '그런 척 하기'를 좋아한다. 상상 놀이는 두 살쯤 시작되고 열 살쯤이면 대부분 사라지는 듯하다. 하지만 발달심리학자들은 상상 놀이는 실제로 사라지는 것이 아니라 겉으로 드러내지 않거나 가상세계로 옮겨 간다고 말한다. 그렇게 우리는 나이가 들어서도 계속 상상의 세계를 돌아다니며 그런 척하는 가장 놀이를 한다.

아이는 이런 놀이를 통해 허용되지 않은 세계를 이해하고 미래를 준비한다. 괴물을 만나 두려워하지만 결국 물리친 후 기쁨과 자부심을 느낀다. 전투 중에 사랑하는 개를 잃는 슬픔을 경험하기도 한다. 이때 아이들은 상황에 맞는 몸짓과 표정을 짓고 역할에 맞는 생각과 감정을 말한다.

"이런 저 멀리 적이 나타났군. 으으 무서워. 그렇지만 이 칼이 있으면 이겨 낼 수 있지. 자, 친구! 함께 가자. 힘을 내. 와! 우리가 승리했어."

아이는 적을 물리치면서 감정을 조절하는 방법을 배운다. 어렸을 때는 놀이하는 동안 계속 상황도 바뀌고 역할도 바뀌지만, 나이가 들면서 점점 이야기의 틀을 갖춘다. 이때 부모는 아이의 상상과 시나리오에 맞춰 줘야 한다. 만일 주어진 역할을 제대로 하지 못하면, 아이는 자신이 맡은 역할에서 빠져나와 감독이 된다.

"아빠는 지금 아기야. 그렇게 하면 안 돼. 아기는 그렇게 하지 않아."

아이는 전체 놀이에 관한 구체적인 계획을 갖고 있다. 놀이 속 등장인물에 따라 관점을 바꾼다. 전체 시나리오를 쓰려면 사람들의 마음을 읽는 능력이 있어야 한다. 실제로 상상 놀이와 가장 놀이를 많이 한 아이의 마음이론 능력이 더 높았다.

나이 든 아이들이나 어른도 가장 놀이를 한다. 많은 사람이 가상 공간에 아바타를 갖고 있다. 최근에는 메타버스라는 새로운 환경이 생기면서, 아바타를 통해 다른 사람과 관계를 맺는 일이 점점 더 자연스러워지고 있다. 이런 가상공간은 게임 속 캐릭터와 달리 자기의 감정과 생각을 더 구체적으로 표현한다는 점에서 현실과 밀착돼 있다. 이런 가상공간에서 다른 사람과 지내는 것이 현실보다 더 편하게 느껴지는 이유는 신체적 요소가 빠져 있기 때문이다. 현실 세계에서 누군가를 만나 대화할 때는 말의 내용뿐 아니라 목소리의 떨림이나 부자연스러운 억양을 의식하기 때문에 불안하다. 게다가 말하면서 어디를 봐야 할지, 지루해도 관심이 있는 척 해야 하는지, 어떤 자세로 앉아 있어야 하는지와 같은 신체적 움직임을 신경 써야 한다. 그리고 상대의 표정과 말투, 자세와 움직임 하나하나에 기분이 달라지기도 한다. 이런 것에 쏟을 에너지를 말의 내용에만 쏟으면 되기 때문에 가상현실이 더 편하다. 가상공간에서 일어나는 범죄를 생각하면 겁이 나지만, 아이들에게 가상공간은 실제 세계만큼 진짜다. 단순히 막는 것으로 아이를 보호할 수 없을 만큼 아이의 삶과 광범위하게 밀접해 있다. 차라리 그 공간에서의 경험을 대화 소재로 삼는 편이 나을 것이다. 대화를 시작할 때 주의할 것이 있다. 가상공간의 단점이나 위험을 경고하기 전에 먼저 그 공간의 가치와 장점에 초점을 맞추는 것이 좋다. 자신이 살고 있는 세상을 비난하는 사람을 좋아하는 사람은 없을 것이다. 아이의 가상 공간은 아이가 마음 능력을 키우는 또 다른 세계다!

　때로 자신의 생각이나 감정을 글로 더 잘 표현한다. 직접 만나서 말하는 것이 힘들다면 가상세계의 아바타를 이용해 마음을 표현하는 것도 마음 훈련의 첫 단계로는 괜찮다. 실제로 가상세계는 요즘 심리치료가 이루어지는 주요 장소가 되고 있다.

마음 능력을 높이는 소설 읽기

　문학작품은 다양한 해석이 가능하고 독자는 스스로 의미를 찾아 빈틈을 메운다. 작가는 많은 의미를 숨겨 놓고, 등장인물의 생각과 감정을 통해 현실을 묘사하고, 같은 사건에 대한 서로 다른 관점들을 보여 준다. 이런 특징이 마음이론과 닮아 있다.

　게다가 문학적 픽션은 실제 세계보다 덜 위험하고, 사건에 관여해도 뒤따르는 결과를 책임질 필요 없이 다른 사람의 경험을 생각해 볼 기회가 된다. 문학 작품을 읽는 독자는 등장인물의 감정과 생각을 자신의 경험에 근거해서 다양하고 유연하게 추론한다. 이에 비해 대중소설은 일관적이고 예측 가능한 세상과 인물을 보여 주는 경향이 있다. 사람들의 기대를 재확인해 주는 소설은 마음이론 능력을 촉진하지 않는다. 무엇을 배운다는 것은 이미 아는 것을 확인하는 게 아니기 때문이다.

우리가 사는 세상은 그렇게 논리정연하지 않으며 이질적이고 복합적이라는 점에서 좀 더 복잡한 문학 작품이 실제 삶과 더 가까울 것이다. 서점에서 무작위로 소설을 골라 아무 페이지나 펴고 읽어 보라. 그리고 등장인물의 생각과 감정이 입체적인 작품을 선택하라. 혹시 모르니 서너 번 반복하는 것이 좋다.

우리가 소설에 흥미를 잃는 이유 중 하나는 학교에서 '작가의 의도를 맞히는 방식'으로 교육받았기 때문이다. 의무적으로 독후감을 쓰고 교훈을 찾아야 하는 아이들이 동화를 재미있게 읽을 수 있을까?

작가의 의도를 파악하려 들지 말고 등장인물의 마음에 초점을 맞춰 읽어 보자. 실제로 문학작품을 이용한 프로그램에 참가한 의사들이 환자와 공감을 더 잘하게 되었고, 수감자들은 삶의 기술이 향상된 사례가 있다. 아이들과 함께 책을 읽는 부모가 등장인물의 생각이나 감정에 초점을 맞출수록 아이의 마음이론 능력이 높아졌다.

감정에 초점을 맞추는 부모는 등장인물의 마음에 대해 말한다.

"여우는 사자와 친구가 되고 싶었어."

"엄마가 보이지 않아서 아이는 무서웠어."

"아이는 산을 넘으면 무지개를 발견할 거라고 믿었어."

"왕자는 용의 눈을 보았고 용이 화를 내는 것이 아니라는 것을 알게 되었어."

또한 아이에게 마음에 관한 질문을 많이 했다.

"이 아이는 어떤 기분이었을까?"

"왜 곰은 슬퍼하지?"

"만일 너라면, 어떤 생각을 할까?"

"너는 여우와 같은 기분을 느낀 적이 있어?"

"늑대처럼 화가 났다면, 넌 어떻게 할까?"

이렇게 아이와 함께 책을 읽는 것은 아이뿐 아니라 부모의 마음이론 능력도 높인다. 어린 자녀와 책을 읽을 때는 글이 없는 그림책을 이용할 것을 권한다. 어른은 글자를 보면 자동적으로 읽는다. 그러면 글자가 말하는 범위에서 벗어나기 힘들다. 글이 없는 그림책은 부모가 자유롭게 등장인물의 생각과 감정을 상상해 보는 공간이 된다.

성인도 같은 방식으로 소설을 읽을 수 있다. 왜 이 사람은 이렇게 화를 낼까? 나라면 어떤 생각을 했을까? 이런 상황을 나도 겪었나? 그때 나는 어떤 감정을 느꼈을까? 이런 질문이 자기와 다른 사람의 마음을 읽는 능력을 키울 수 있다.

소설을 읽는 동안 우리는 한 등장인물과 자신을 동일시하고, 그 사람이 돼 화를 내고 슬퍼한다. 동시에 관찰자 입장에서 등장인물을 분석한다. 소설 속 등장인물이 모르는 것을 우리는 알고 있다. 친구의 배신에 괴로워하는 등장인물의 고통을 함께 느끼지만, 동시에 실제로는 다른 사람이 거짓말했다는 것을 알고 있다. '친구가 배신했다'는 등장인물의 믿음은 틀린 것이며, 이런 틀린 믿음 탓에 복수를 계획하는 것을 보며 답답함과 안타까움을 느낀다. 우리는 왜 친구에게 직접 물어보지 않는지 그리고 사람에 대한 신뢰가 그렇게 쉽게 깨질 수 있는지를 자신에게 묻는다. 자신이 바로 그 등장인물이기 때문이다.

이 과정에서 우리는 등장인물의 행동을 이해하고 설명하고 변명한다. '원래 가까운 사람의 배신이 더 아프고 충격적이다. 그래서 이성적으로 대처하지 못한 것이다.' 또한 앞으로 일어날 일들을 예측하고, 나라면 어떻게 할지를 상상한다. 실제로 자신이 경험한 것과 무엇이 같고 무엇이 다른지도 비교한다. 우리는 소설을 읽는 동안 소설 속 등장인물이 되었다가 소설 밖 독자가 되기를 반복한다. 마치 아이가 가장 놀이를 할 때 주어진 역할을 하는 배우인 동시에 전체 역할을 조절하는 감독이 되는 것과 같다. 성인은 소설을 통해 가장 놀이/역할 놀이를 한다.

그러나 책으로 배운 인간관계에는 한계가 있다. 책에 나온 것을 현실에 그대로 적용하면 분명히 어긋나는 지점이 생긴다. 소설 속 등장인물처럼 "내 마음은 지금 폭풍우가 몰아치고 있어"라며 사랑을 고백한다거나 길 한가운데서 "사랑해"라고 외치면 이상한 사람으로 여길 것이다. 그럼에도 불구하고 소설은 우리 내면을 어떻게 말로 표현할 수 있는지 보여 준다.

마음을 배우려는 목적으로 소설을 읽을 때는 단편소설이 더 적절해 보인다. 많은 인물이 나오고 사건이 서로 엉켜서 복잡해지면, 인물의 내면이 아니라 사람 간의 관계나 사건의 순서 등에 주의를 뺏길 수 있다.

우화 다시 읽기로
마음 능력을 키운다

한 산업 디자이너가 새로운 영감을 받으려고 떠난 여행에서 한 아이를 만났다. 그 아이는 액체가 담긴 작은 플라스틱 통과 펌프를 들고 서 있었다. 아이는 휘발유를 팔고 있었다. 세상에서 가장 작은 주유소였다. 그러나 커다랗고 반짝이는 건물 앞에 수많은 주유기가 늘어서 있는 도시의 주유소와 똑같은 서비스를 제공했다. 아이는 허리를 곧게 펴고 당당한 자세로 휘발유를 팔았다. 그 아이의 얼굴에는 자부심이 가득했다. 디자이너는 세상에서 가장 위엄 있는 주유소를 발견하고 감동했으며, '기본이 가장 강하다'는 것을 깨달았다고 한다. 무엇이든 시작할 때는 복잡한 것보다 단순한 것이 기본을 다지는 데 도움이 된다. 그리고 단순한 이야기가 더 좋은 이유는 아이와 부모 모두에게 적합하기 때문이다. 우화가 여기 해당한다. 우화는 삶의 교훈을 주려는 목적으로 쓰인 이야기이지만 이번에는 등장인물의 생각과 감정에 초점을 맞추고 읽어 보기를 바란다. 다음은 잘 알려진 이솝우화다.

[여우와 사자]

어느 날 여우는 한가롭게 걸으며 주변을 구경하고 있었다. 그러던 중 사자를 만났다. 여우는 태어나서 처음 사자를 보았고, 몸이 덜덜 떨릴 정도로 무서웠다. 집으로 돌아온 여우의 온몸은 땀에 젖어 있었다. 사자를 만났다는 여우의 말을 들은 가족과 친구들은 다시는 그곳에 가지 말라고 말했다. 그렇지만 여우는 즐거운 산책을 포기할 생각이 없었다. 그러다 다시 사자를 만났다. 이번에도 긴장했지만 처음보다 덜 무서웠다. 그리고 세 번째로 사자를 보았을 때는 사자에게 말을 걸고 친구가 되었다.

이 이야기는 우리가 일상에서 경험하는 진짜 두려움과 가짜 두려움을 보여 준다. 당신은 여우와 사자 중 누구와 동일시되는가? 내 경우에는 '여우'였다. 그래서 여우를 중심으로 이야기하려고 한다. 당신은 자신을 '사자'라고 생각했을 수도 있다. 그렇다면 다른 사람의 입장(여우)을 들어 보는 기회다. 나중에 사자의 마음으로 이야기를 재해석해 보길 바란다.

여우는 왜 사자가 무서웠을까? 여우는 태어나서 처음으로 사자를 보았다. 사자에 대한 경험이 없다는 뜻이다. 그렇다면 사자의 낯선 외양이 두려움을 유발했을 것이다. 덩치는 크고 얼굴은 털로 덥수룩하게 덮여 있다. 그리고 어쩌면 그르렁거리는 이상한 소리를 냈을지도 모르겠다. 여우의 두려움은 자연스러워 보인다. 일반적으로 우리는 낯선 것을 두려워한다. 그 두려움 덕분에 살아남을 수 있다. 낯선 것이 나에게 좋은 것인지 나쁜 것인지 모를 때는 조심하는 쪽이 더 나은 전략이다. 만일 낯선 것이 좋은 것인데 피했다면, 그저 좋은 것을 잃거나 놀림을 받는 정도지만, 만일 나쁜 것인데 가까이 갔다면, 죽을 수도 있다. 따라서 낯선 것에 대한 경계와 두려움은 진화의 산물이다. 낯선 음식을 꺼리는 것도 같은 이유다.

또 다른 가능성은 사자에 대한 누군가의 평가를 들었기 때문일 수도 있다. "사자라는 동물이 있는데, 아주 포악하고 나쁘다. 그러니 만나면 도망쳐야 한다." 이것은 진실일 수도 있고 거짓일 수도 있다. 그 말을 한 사람도 단지 고정관념을 전한 것인지 모른다. 고정관념은 진실과 거짓을 모두 포함하고 있기 때문에 버리기에도, 갖고 있기에도 찜찜한 지식이다. 계륵 같은 정보덩어리라고 할 수 있다. 고정관념에 기초한 여우의 믿음이 두려움을 유발했을 것이다. 실제로는 친절한 사자일 수도 있다(실제 사자의 행동이나 습성에 대해서는 잠시 잊어버리기로 하자). 그러나 틀린 믿음도 믿음에 따른 감정을 유발한다. 사자가 포악하다고 믿는다면 당연히 두려움을 느낀다. 만일 여우가 자신의 믿음을 의심했다면 사자와 친구가 되고 싶어 하는 최초의 여우가 되었을까? 나의 믿음을 만든 고정관념은 무엇인가? 그것은 어떤 감정을 유발했을까?

나에게 사자는 무엇이었을까? 일상에서 느끼는 두려움 중 진짜 위험과 관련된 것은 얼마나 될까? 여우처럼 때로는 단지 낯설기 때문에 불안을 느끼고, 때로는 단지 다른 사람의 말 때문에 두려움을 느낀다. 그리고 그 두려움이 내 발목을 붙든다. 무서운 대상을 만나면 우리는 도망치거나 얼어붙는다. 상대가 무서울수록 얼어붙을 가능성이 더 높다. 중요한 것은 상대가 얼마나 무서운지 결정하는 사람은 나 자신이라는 것이다. 실재하지 않는 대상이 두려워서 얼어붙은 적이 얼마나 많은가?

여우가 두려움을 극복하는 과정은 흥미롭다. 감정은 어떤 대상이나 사건에 대한 반응이다. 그런데 어느 순간이 되면 감정을 근거로 상황을 판단한다. "나는 지금 무섭다. 내가 무서운 건 세상이 위험하다는 증거다"라고 말한다. 우리 모두 알다시피, 감정은 우리 몸속에서 일어나는 화학적 변화다. 진정제나 각성제는 화학적으로 감정을 유발한다. 때로 우리는 이유 없는(외적인 사건이나 자극이 없는) 두려움을 느낀다. 그렇게 약물로 유도됐거나 이유 없는 두려움도 판단의 근거가 될 수 있다.

어떤 이유에서 만들어졌든 두려움은 삶에서 중요한 위치를 차지하고 자기가 맡은 역할을 한다. 이 과정은 단순하고 순환적이다. 처음에는 낯선 것에 대한 이유 없는 두려움을 느끼고 멀어진다. 다음에는 내가 두려움을 느끼기 때문에 상대를 위험하고 위협적인 존재로 생각한다. 실제로 위험한 대상인지는 몰라도, 계속 그 대상을 피한다. 이것이 반복되면 '사자'는 원래 무서운 존재가 된다.

그런데 여우는 자신의 감정, 즉 두려움에서 스스로 벗어난다. 여우는 자신의 두려움이 맞는지 의문을 품었을 것이다. 그래서 자신의 믿음이 틀린 것인지를 확인하려고, 계속 사자를 보고 가까이 다가간다. 편견을 없애는 가장 좋은 방법은 빈번한 접촉, 즉 자주 만나는 것이다. 그러면 대상의 정체가 분명해지고 진짜와 가짜를 구분할 수 있게 된다. 우리는 정체가 밝혀지는 두려움을 통제할 수 있다. 우리가 통제하기 힘든 것은 정체를 알 수 없는 두려움(불안)이다.

두려움은 상대에게 힘을 준다. 만일 사람들이 나를 낯설게 여기고 경계하는 것을 보면 당황스럽고 때로 억울하고 화가 난다. 나를 무서워한다는 것은 내가 해를 끼칠 수 있는 나쁜 사람이라고 믿고 있다는 뜻이다. 처음에는 내가 나쁜 사람이 아니라는 것을 보여 주려고 시도할 것이다. 그러나 이런 시도들이 실패하고 나면 다른 사람의 두려움을 이용하기 시작한다. 상대는 내가 나쁜 힘을 갖고 있다는 틀린 믿음을 근거로 행동하고, 나는 상대의 틀린 믿음, 즉 존재하지 않는 힘을 이용한다. 우리의 두려움이 누군가에게 힘을 주고 그들을 괴물로 만들 수 있다.

이 이야기를 이용해 마음을 말하는 연습을 할 때는 연극의 각본처럼 대화 형식으로 바꿔 보는 것이 도움이 된다. 교사나 부모를 대상으로 강의하면서 아이를 어떻게 칭찬하는지를 물으면 대개 "아이의 좋은 점을 칭찬합니다" 혹은 "더 나은 점을 찾아서 말합니다"라고 대답한다. 그러면 아이에게 어떻게 표현하는지 구체적으로 보여 달라고 한다. "지난번보다 더 똑바로 선을 그리는구나!", "참 잘했어", "정말 멋진데"라고 말한다. 그러면 나는 다시 칭찬할 때의 목소리 톤과 표정, 몸짓을 보여 달라고 한다. 어색하고 불편할 수 있지만, 이런 과정을 거쳐 자신이 무엇을 알고 무엇을 모르는지를 확인할 수 있다. 그리고 아는 것과 표현하는 것은 다르다는 사실도 깨닫는다.

조금 더 연습하고 싶다면 다음 이야기를 활용할 수 있다.

등장인물의 마음을 생각해 보라. 완벽하게 설명하려고 노력할 필요는 없다. 기본적인 생각(바람, 믿음, 의도)과 기본적인 감정(기쁨, 슬픔, 분노, 공포, 혐오, 놀람)에 대해 말하는 것으로 시작하면 된다.

[소금을 지고 가는 당나귀]

바닷가에서 소금을 나르는 당나귀가 짐이 너무 무거워 냇물을 건너던 중에 넘어졌다. 소금이 물에 녹아 가벼워지자, 당나귀는 다음번에는 일부러 넘어진다. 당나귀의 계략을 알아챈 상인은 다음번에는 솜을 나르게 했다. 이번에도 당나귀는 넘어졌고, 결국 더 무거운 짐을 나르게 되었다.

[방앗간 주인, 아들과 당나귀]

방앗간 주인과 아들이 당나귀를 팔려고 장에 가고 있다. 가는 길에 만나는 사람들이 아이를 걸어가게 한다고 비난하자 아들이 당나귀에 탄다. 그러나 다른 사람이 나이 든 아버지를 걸어가게 한다고 비난하자 아버지가 탄다. 사람들의 말에 따라 아버지와 아들이 번갈아 당나귀를 탄다. 그러던 중 당나귀가 불쌍하다는 사람들의 말에 장대에 당나귀의 발을 묶고는 어깨에 메고 나른다. 이 모습을 본 사람들이 아버지와 아들을 놀린다. 게다가 당나귀는 버둥거리다가 강에 빠진다.

좀 더 재미있는 이야기를 원한다면 주변에서 쉽게 볼 수 있는 만화를 이용하는 것도 좋다. 실제로 4컷 만화는 상담에 자주 이용된다. 만화 주인공의 얼굴을 지우거나 말풍선의 내용을 지우고, 어떤 표정일지 혹은 어떤 말을 할지를 이야기한다.

모두에게 도움이 되는
실제 감정 수업 프로그램 체험하기

오랫동안 심리학 강의를 했는데 감정이 주제일 때 항상 하는 활동이 있다. 활동 목적은 학생이 스스로 감정의 구조와 기능을 이해하도록 하는 것이다. 이 활동은 감정을 이해하기 어려워하는 아이들이나 성인을 대상으로 하는 프로그램에서도 사용된다.

감정의 구성
확인하기

1) 기본적이고 보편적인 감정을 소개한다: 기쁨, 슬픔, 분노, 두려움, 혐오, 놀람

   이 중에서 놀람을 제외한 다섯 가지는 가장 많이 언급되는 감정이다.

2) 다음 표를 완성한다. 표를 이용해서 감정을 분석한다.

	사건(촉발자극)	신체적 반응	행동	말
기쁨				
슬픔				
분노				
두려움				
혐오				
놀람				

이 표는 우리가 각 감정을 어떻게 정의하는지 보여 준다. 예를 들면, 분노란 나를 무시하는 사람이나 사건(촉발자극)에 대한 반응이고, 심장박동이 빨라지고 얼굴이 빨개지며(신체적 반응) 소리를 지르거나 방해물을 없애려고 시도한다(행동). "열 받아", "짜증 나", "화가나" 등은 모두 분노를 표현하는 말이다. 이 표를 통해 어떤 감정을 촉발하는 자극이 무엇이고 자신은 어떻게 반응하는지 볼 수 있다. 때로 촉발자극이 해당 감정을 유발하고 나서 행동으로 이어지는 시간이 너무 짧아 스스로 의식하지 못할 수도 있다. 이런 경우 우리는 감정이라는 토네이도에 휩쓸려 이리저리 끌려 다니는 사람처럼 행동하게 된다.

예를 들면, 친구나 동료를 때린 다음에 "말다툼 중에 갑자기 화가 나서 참을 수가 없었다"고 변명한다. 우리는 일상에서 갑자기 어떤 감정의 소용돌이에 빠져든다. 우리는 대개 그런 격렬한 감정 상태에서 한 말과 행동을 나중에 후회한다. 자신의 감정에 대한 지식이 있으면 완전하지는 않지만 어느 정도 이런 일을 예방할 수 있다. 예를 들면, 촉발 자극을 확인하고 미리 자신의 감정에 대비하는 것이다. 편안한 상태일 때, 상대(아이와 부모 서로)에게 자신의 감정을 미리 알려 주는 방법도 쓸 수 있다.

"난 내가 말하고 있는데 네가 한숨을 쉬면 참을 수 없이 화가 나. 나를 무시한다는 생각이 들기 때문이야. 물론 내 생각이 틀렸을 수 있다는 것을 알지만 통제하기 어려워. 그래서 난 진정하기 위해 자리를 잠깐 피하려고 해. 그런 때는 잠깐 날 내버려 두었으면 좋겠어."

이 과정에서 상대는 내가 한숨을 쉬는 이유가 자신의 감정을 조절하는 중임을 알게 된다. 실제로 감정에 대한 지식이 많을수록 감정을 더 잘 다룬다는 연구 결과가 있다.

얼굴 표정 짓기와 맞히기

1) 기본 감정에 맞는 표정을 지어본다.

2) 거울(혹은 휴대폰)을 이용해 표정을 관찰한다.

3) 관찰 내용을 표로 작성한다.

	눈	입	눈썹	이마
기쁨				
슬픔				
분노				
두려움				
혐오				
놀람				

4) 기본 감정과 사회적 감정(창피함, 당혹감, 질투, 부러움, 죄책감 등)의 표정을 짓고 사진으로 찍는다(얼굴이 정면으로 나오도록 한다. 가능하면 이마를 보이고 안경을 벗는다).

5) 자신의 사진을 옆 사람에게 보여 주고 어떤 감정인지 맞히도록 한다. 이때 아는 사람과 모르는 사람에게 모두 보여 주어서 차이가 있는지 확인한다. 나중에 가족에게도 보여 주고 확인하도록 한다.

각각의 개별 감정마다 독특한 표정이 있다. 이 때문에 표정이 말을 대신할 수 있다. 예를 들면, '사과'가 배나 자두가 아닌 사과만을 나타내는 말이라면, '분노'는 슬픔이나 두려움이 아니라 분노만을 나타내는 표정이 있다. 학생 대부분 자신의 표정에 차이가 별로 없고 잘 구분되지 않는다는 것을 알고 놀랐다. 그들은 사진이나 거울 속

자기 표정을 구분하지 못했다. "난 무서운 표정을 지었는데, 거울 속의 나는 아무 일도 없는 것처럼 보였어요."

오랫동안 두려움을 감추는 연습을 한 결과, 두려움을 드러내는 능력이 줄어들었기 때문이다. 어릴 때부터 "무서워하지 마. 무서운 거 아냐"라는 말을 들어 오면서 두려움을 느끼는 것이 잘못이라는 믿음이 생긴다. 그렇게 우리는 두려움을 '적당히' 보여 주는 능력을 잃는다. 그래서 어느 날 두려운 표정을 발견하면 당황한다. 뭔가 잘못된 것 같은 느낌을 받는다. 그러나 삶은 두려운 것들로 가득하다. 이제라도 적절히 두려움을 다루는 능력을 되찾아야 한다. 그 첫걸음이 표정을 되찾는 것이다. 거울을 보면서 표정을 짓는 연습을 해 보라. 실제로 일본의 한 회사는 직원에게 다양한 표정을 연습하게 했다. 일본을 방문하는 외국인이 '항상 웃는' 일본 사람의 표정을 자주 오해하고, 때로 불쾌하게 느꼈기 때문이었다. '항상 웃는' 엄마/아빠가 정말 아이들에게 좋을까? 부정적 감정을 경험하지 못하는 환경은 아이의 사회적 면역력을 빼앗는 결과를 낳을 수 있다.

마음을 말하는 능력은 자신과 다른 사람의 마음을 읽고 이해하는 것부터 시작한다. 소개한 활동들은 학술적 연구나 혹은 현장 경험을 통해 마음 능력을 높이는 데 도움이 된다고 확인된 것들이다. 조금씩 노력하다 보면 어느 순간 편안하게 마음을 읽고 표현하는 순간이 오리라 믿는다.

우리는 결국 마음을 말할 수 있다

무지의 자각이 지혜의 출발점이라고 한다. 자신의 믿음이 틀렸다는 것을 아는 것이 바로 마음 읽기의 시작이다. 우리는 자신의 믿음이 옳다고 지나치게 확고하게 믿는다. 그리고 한번 시작된 마음 상태는 계속 유지되는 심리적 관성을 보인다. 그럼에도 불구하고 멈춰서서 자신의 믿음을 수정할 수 있는 이유는 바로 우리가 마음이론 능력을 갖고 있기 때문이다.

우리는 모두 아이는 멋지게
클 것이라고 자신했다

사람들은 때로 장밋빛 안경을 쓰거나 눈에 콩깍지를 쓴 채 만족하며 살아간다. 정확한 현실이 아니라 보고 싶은 현실만 본다. 세상

295

의 사기꾼들은 이런 사람들의 마음을 읽고 그들의 목적에 맞게 이용한다. 그들은 사람의 바람과 믿음을 이용해 그들이 원하는 행동을 하도록 만든다. 마리나 코니코바는 《뒤통수의 심리학(원제: the confidence game)》에서 "우리가 사기를 당하는 이유는 사기꾼의 교묘한 말솜씨와 친절한 행동 때문이 아니라 우리의 자신감 때문"이라고 말한다. 우리는 자신이 특별하며 삶을 통제할 수 있다고 믿고, 다른 사람은 믿을 만하다고 믿고, 장밋빛 미래가 펼쳐질 것이라고 믿는다. 우리는 자신의 가치나 기대와 일치하는 의견만 수집하고 반대되는 것들은 무시하거나 왜곡한다. 우리는 세상이 험난하고 위험한 일로 가득 차 있다는 것을 알고 있지만, '나만은 예외'라고 착각한다. 우리는 잘못된 선택을 하더라도 합리화하거나 남 탓을 함으로써 자존감을 지킨다. 이렇게 우리는 자신만만하게 세상을 살아간다. 바로 이런 우리의 자신감을 사기꾼이 이용한다. 우리의 자신감은 사기꾼을 믿게 하고 허튼 소리도 진실로 왜곡하며 거짓이 드러나도 자신은 예외라고 여기게 만든다.

그렇다면 우리의 자신감은 잘못인가? 삶을 구렁텅이로 빠트리는 원흉인가? 물론 그렇지 않다. 자신감은 힘들고 어려운 현실 속에서도 무언가를 시작하게 하고, 실패하면서도 계속 나아가게 하는 힘이다. 때로 정확하게 세상을 보지 못하는 무능이 삶을 만족스럽게 만들기도 한다. 실제로 결혼 생활을 위협하는 배우자의 신호(바람을 피우는 신호)를 정확하게 읽는 사람이 결혼 생활에 더 불만이 많다는 연구 결과가 있다(심리학은 행복을 주관적 만족감이라고 정의한다).

무엇보다 이런 자신감은 아이를 키우는 힘이 된다. 우리는 아이가 더 잘할 것이고, 말썽을 피우지 않을 것이고, 우리가 아이에게 멋진 미래를 만들어 줄 수 있다는 바람과 믿음을 갖고 있다. 그리고 이런 바람과 믿음을 실현하려고 우리는 끊임없이 무엇인가를 계획하고 실행한다.

우리는 이제 틀린 믿음으로 행동할 수 있다는 것을 안다

우리의 믿음은 종종 깨진다. 믿음을 저버리고 우리 계획을 방해한 아이를 탓하고 원망하기도 한다. "네가 나를 이렇게 만들었어. 내 믿음을 배반한 대가를 치르게 할 것이야." 영화나 드라마에서 자주 듣던 말이다(내 기억으로는 대개 악역의 대사다!). 상대가 믿음을 배신한 것인가 아니면 우리가 틀린 믿음을 갖고 있던 것인가? 우리는 틀린 믿음을 만든 사람이 자신이라는 것을 인정하기 전에 먼저 남 탓을 하곤 한다. 남 탓은 자기를 보호하고 자존감을 지키는 한 가지 전략이다. 아이도 자기 이미지를 지키려고 자신의 잘못된 행위를 부정하거나, 의도적으로 이야기에서 빼거나, 남들이 묻기 전에 먼저 설명한다.

그러나 다행히 우리는 틀린 믿음을 만든 것이 자신이라는 것을 깨닫고, 자신의 믿음을 수정하거나 행동을 바꾼다. 또한 우리는 누구나 때로 틀린 믿음으로 행동한다는 것을 이미 알고 있다. 공을 옮긴 것을 보지 못했다면 이전에 보았던 곳에서 찾는 것이 당연하지 않는가? 우리가 틀린 믿음을 가진 것은 멍청하기 때문이 아니라 무언가를 보지 못했기 때문이라고 자신의 행동을 설명하고 이해한다.

우리가 보거나 듣지 못한 아이의 행동이 얼마나 많을지 생각해 보라. 아이는 나이가 들수록 집 밖에서의 활동이 늘어나고, 그럴수록 우리가 보지 못하는 것이 점점 많아지고, 틀린 믿음도 점점 많아진다. 자신의 아이는 절대 채소를 먹지 않는다는 믿음을 가졌던 부모가 유치원에서 채소볶음을 먹는 아이를 보며 놀란다. 이런 놀람은 유쾌하다. 그러나 아이가 욕을 하거나 다른 아이를 괴롭히는 행동을 한다는 것을 알게 된 부모는 놀람과 동시에 배신감을 느낀다. 이 배신감의 기저에는 '나는 좋은 부모다', '아이는 나에게 모든 것을 말한다(나는 아이의 모든 것을 알고 있다)', '이상적인 부모는 친구 같은 부모다' 등의 믿음이 깔려 있다. 아이에게 일어난 일을 모르는 자신은 좋은 부모가 아니라고 생각한다. '좋은 부모 되기'라는 바람과 목표를 방해한 아이에게 화를 낼 수도 있다. 이때 부모는 자신이 만들어 낸 틀린 믿음의 책임을 아이에게 돌리고 있는 것이다.

아이의 믿음도
변해간다는 걸 이해했다

어쩌면 부모는 아이가 모든 것을 솔직히 말하겠노라 약속했다고 주장할 수도 있다. 그것은 약속이며 아이가 약속을 어겼기 때문에 비난받아 마땅하다고 말할 수도 있다. 그런데 이것이 공정한 약속인가? 실제로 지킬 수 있는 약속인가? 대개 '모든'이나 '항상'이 들어간 약속은 이행하기 불가능한 약속이다. 게다가 부모와 자녀 간 힘의 불균형을 감안하면 불평등한 계약이다. 이 약속에서는 모든 것을 말해야 하는 의무가 한쪽에만 있다. 아이는 잘못된 약속이므로 지킬 필요가 없다고 판단했을 수 있다.

'모든' 것을 말할 수 없으며, '모든' 것을 말할 필요도 없다. 굳이 불공정한 계약을 들먹이지 않더라도, 아이들이 말하지 않는 이유가 자연스러운 성장 과정 때문이라는 것을 이해해야 한다. 아이는 나이가 들면 '부모에게 모든 것을 말하는 건 아이 같은 행동이다'라는 믿음을 갖는다. 모든 것을 말해야 한다는 믿음과 그것은 아이 같은 행동이라는 믿음이 부딪치고, 그중에서 선택한다. 무엇보다 독립적인 인간이 되고 싶다는 아이의 바람은 강력하다. 게다가 부모는 '나는 네가 스스로 살아갈 수 있는 사람이 되기를 바란다'는 메시지를 준다. 그렇다면 '무엇을 말하고 무엇을 말하지 않을지는 내가 결정한다'는 아이의 결정은 자연스럽다.

시간이 지나 경험과 지식이 쌓이면서 아이의 믿음은 변한다. '아빠는 모든 것을 알고 있다'에서 '아빠도 모르는 것이 있다'로, 그리고 '아빠의 지식은 오래된 것이다'로 변해간다. 이런 믿음의 변화 때문에 모르는 문제가 생기면 아빠에게 묻던 아이가 이제는 친구나 인터넷에 묻는 아이로 변한다. 이것은 자연스러운 변화이고 성장의 신호다. 다만 그 변화를 민감하게 알아채지 못한 부모는 아이의 행동을 예측하지 못한다. 그래서 당황하고 때로 화를 낸다. '우리 아이는 모든 것을 내게 말한다'는 믿음은 한때는 맞았지만 이제는 틀리다.

우리는 이제 틀린 믿음을 빠르게 수정할 수 있다

틀린 믿음은 자기중심적 사고를 하기 때문에 생긴다. '내가 보는 것을 다른 사람도 똑같이 볼 것이다.' 이런 자기중심적 사고는 아이부터 청소년이나 어른까지, 모든 연령에서 발견된다. 아이는 자기가 좋아하는 색종이를 할머니에게 선물한다. 청소년은 다른 사람들이 '항상 나를 쳐다본다'고 상상하면서 과장된 행동을 하거나 '나는 예외적인 사람'이라고 여기고 위험한 행동을 한다. 어른이 되어서도 자신의 정체성을 좌우하는 핵심적 특성(예: 합리적 사고나 도덕성)을 과대평가하면서 남들과 다른, 특별한 존재라고 생각한다. 이런 자기중심적 사고는 노인이 되면 더 강해지는데, 심리적으로나 사회적으로 한발 물러나 혼자 떨어져 있는 상태가 되기 때문이다. 자기중심적 사고는 인간의 보편적 특성이다. 따라서 누구나 언제든 틀린 믿음을 가질 수 있다.

그러나 다행히 우리는 틀린 믿음 때문에 행동할 수 있다는 것을 알고 있으며, 나이가 들수록 자아중심성에서 더 빨리 벗어나고 틀린 믿음을 훨씬 더 빠르게 수정할 수 있다. 이것은 우리의 마음이론 능력 덕분이다. 우리는 사람들이 특정 상황에서 틀린 믿음을 갖는다는 것을 알고 있다. 그래서 자신의 틀린 믿음을 더 빠르게 인정하고 다른 사람과 협력하며 살아간다. 틀린 믿음에서 빠져나오는 방법은 의외로 단순하다. '나는 틀린 믿음을 갖고 있을 수 있다'는 사실을 떠올리는 것이다.

우리는 감정에
휘둘린다는 걸 안다

믿음이나 의도가 아닌 감정도 행동을 만들어 낸다. 우리는 어떤 사람을 좋아하는지 싫어하는지에 따라 그 사람의 부탁을 들어주기도 하고 거절하기도 한다. 우리는 어떤 사람에게는 왠지 모르게 친근감과 편안함을 느낀다. 그런 사람들을 만나면 '영혼의 단짝(혹은 소울메이트)', '인연', '운명'이라는 거창한 말로 관계를 정의한다. 만일 이런 친숙함이 그저 자기도 모른 채 몇 번 스쳐 지나친 결과일 뿐이라는 말을 들으면 맥이 빠질 것이다. 심리학자 제이언스는 단순하게 반복해서 노출되는 것만으로도 호감이 생기고 선택할 가능성이 높아진다는 것을 증명했다. 제이언스는 감정이 이성보다 우선이라고 주장했다.

우리는 일상에서 많은 선택의 기로에 놓인다. 짜장면을 먹을 것인가 짬뽕을 먹을 것인가? 노란 우산을 살 것인가 검정 우산을 살 것인가? 스니커즈를 살 것인가 런닝화를 살 것인가? 누구와 점심을 먹을 것인가? 등등. 이런 상황에서 '곰곰이 생각하다가' 결국 포기한 적이 있을 것이다. 어떤 사람은 선택이 너무 복잡하고 힘들다며, '결정 장애'가 있다고 고백한다. 인지적 부담 때문에 포기한다고 설명하는 심리학자도 있지만, 제이언스는 선택이란 결국 어떤 것을 더 좋아하는지의 문제라고 말했다.

우리는 좋아하는 것을 선택한 후에 선택의 이유를 찾아낸다. 자신의 선택이 옳다는 것을 정당화하는 변명을 하거나 합리화한다. 어떤 사람을 좋아하는 이유를 자신에게 묻는 경우는 거의 없다. 대개 상대방이나 제삼자가 왜 그 사람을 좋아하는지 왜 그 사람을 선택했는지 묻고, 우리는 질문을 받는 순간에 이유를 찾거나 만들어 낸다. 나름 합리적이고 타당한 이유다. 그러나 제이언스에 따르면 우리는 '그냥 좋아서' 선택했을 뿐이다. 심지어 "어쩔 수 없었어. 그렇게 할 수밖에 없었어, 나에게는 선택권이 없었어"라고 말하는 사람도 더 싫지 않은 쪽을 선택하거나 아주 조금이라도 더 좋은 쪽을 선택한 것이다. 이처럼 우리는 모든 것을 선택했고, 그 선택의 중심에는 감정이 있다. 자신에게 물어보자.

'나는 무엇을 좋아하는가?'
'나는 무엇을 두려워하는가?'
'나는 무엇에 화가 나는가?'

마음을 먹으면
마음을 더 잘 읽을 수 있다

우리에게는 마음을 읽는 능력이 있지만, 마음을 읽으려는 동기가 있어야 이 능력을 사용한다. 힘이 있는 위치에 있는 사람은 다른 사람의 마음을 읽는 능력이 현저하게 떨어진다. 그러나 이들에게 다른 사람의 마음을 읽어야 하는 동기가 생겼을 때는 마음 읽기 능력이 향상됐다. 예를 들어, 회사에서 부하 직원의 참여도와 소속감을 높이라는 과제가 주면 상사들은 마음을 읽으려는 노력을 훨씬 더 많이 했다. 우리가 다른 사람의 마음을 읽지 못하는 이유가 지식이나 사회적 기술이 부족해서가 아니라 동기가 없기 때문일 수도 있다.

마찬가지로 우리가 틀린 믿음을 수정하게 만드는 동기도 있다. 대체로 노인은 믿음 편향(belief bias)이 높다고 한다. 나이 든 사람은 논리나 객관적인 정보에 기초하지 않고 이전 지식이나 경험에 기초해서 추론한다. 이전에는 노인의 정보처리 능력이 낮아졌기 때문이라고 설명했지만 최근에는 그보다 적극적으로 정보를 처리하려는 동기에 주목한다. 실제로 노인에게 기억 능력을 향상시키는 중재와 사고 동기를 높이는 중재 프로그램을 실시한 결과를 비교했을 때, 후자의 믿음 편향이 더 낮아졌다. 긍정적으로 생각하고 추가적인 정보를 더 찾으라는 지시를 받은 노인들은 더 논리적이고 객관적으로 사고할 수 있었다.

실제로 생각하려는 욕구가 높은 사람은 단순한 문제보다 복잡한 문제를 더 좋아하고, 많은 생각이 필요한 상황을 책임 지는 것을 좋아한다. 그리고 자신의 사고 능력에 도전하거나 새로운 해결책을 찾기를 좋아한다. 구체적인 사실을 기억하기보다 추상적으로 생각하는 것에 매력을 느끼고 즐거워한다. 만일 당신도 이런 특성을 갖고 있다면 자신의 믿음이 맞는지 의문을 품고 수정하려고 노력할 가능성이 높다.

내 마음을 알면
아이의 마음이 보인다

손자는 지피지기면 백전불태라고 했다. 이것은 병법으로서뿐 아니라 사람 간 관계에도 적용된다. 자신과 타인을 알면 갈등과 다툼에 빠지지 않을 수 있다. 자기와 타인은 같으면서 다르다. 마음의 기본 원칙은 동일하지만, 어떤 경험을 했는지에 따라 작용하는 방식이 다르다. 우리는 자신의 마음을 읽듯 다른 사람의 마음을 읽고, 다른 사람의 마음을 읽듯 자신의 마음을 읽는다. 우리는 끊임없이 '나라면 어떻게 했을까?', '너라면 어떻게 했을까?'라고 질문한다. 우리는 세상의 지식을 습득하는 것과 같은 방식으로 자기를 관찰하고, 정보를 모으고, 정리하고, 재구성하면서 자기에 대한 개념이나 지식 혹은 정체성을 만든다. 내가 무엇을 잘하는지, 내가 어떤 사람을 믿는지, 나는 어떤 종류의 자극에 쉽게 매료되는지, 어떤 자극이 나를 분노의 소용돌이로 몰아넣는지 등을 알게 된다. 우리는 이런, 자기에 대한 지식에 근거해서 어떤 자극에 어떻게 반응할지를 예측하고 통제한다.

마찬가지로 다른 사람의 마음을 읽으려면 그들을 관찰하고 정보를 모으고 구성해서 의미를 만들어야 한다. 이때 우리는 다른 사람의 바람, 믿음, 의도, 그리고 감정에 초점을 맞춘다. 그러나 자기의 마음과 달리 다른 사람의 마음을 읽는 데에는 한계가 있다. 자기에 비해 정보가 현저하게 부족하기 때문이다. 이런 경우, 우리는 다른 사람의 입장이 되어 보는 전략을 사용한다. 내가 만일 너라면 어떤 마음일까? 다른 사람의 입장에서 보는 역지사지 전략은 효과적이다.

하지만 아이의 마음과
내 마음은 다르다

우리는 온전하게 다른 사람이 될 수는 없다. 아이의 그림을 흉내 낸 어른의 그림은 결국 아이의 그림 흉내로 보일 뿐이다. 어른은 아이의 눈과 손 그리고 어떤 자세로 그리는지 알고 있기에 그 지식에 근거해서 아이 같은 그림을 그린다. 유치하고 서툴게 그리려 하지만, 섬세하게 균형을 맞추고 깨끗한 선으로 그린다. 우리가 다른 사람의 입장에 설 때도 우리 자신의 과거 경험, 세상을 보는 방식과 가치가 반영된다. 우리가 다른 사람의 입장에 서면 온전하게 다른 사람의 관점을 이해할 수 있다는 것은 틀린 믿음이다.

유명한 프랑스의 인식론자인 피아제는 '동화'와 '조절'이라는 사고 기능으로 인지발달을 설명한다. 우선 우리가 갖고 있는 틀에 맞춰 세상을 이해한 다음(동화) 세상에 맞춰 자신을 변화시킨다(조절). 우리가 아이를 이해할 때도 유사한 단계를 거친다. 처음에는 자기의 믿음을 틀로 사용해서 아이를 이해하고, 그런 다음 자기와 다른 점이 무엇인지 확인해서 자기의 믿음을 수정한다.

'나는 내 믿음이 틀릴 수 있다는 것을 알고 있다!'

우리는 결국 아이와
마음을 말할 수 있다

끝으로 나는 마음을 말하고 싶다는 당신의 바람이 이루어지기를 바란다. 마음을 말한다는 것은 우리가 무엇을 바라는지, 무엇을 믿는지, 무엇을 의도하는지 그리고 무엇을 느끼는지를 말하고 묻는 것이다. 지금 아이와 함께 있는 장면을 상상해 보라. 서로를 마주 보는가? 서로 다른 곳을 쳐다보는가? 같은 곳을 쳐다보는가? 이제 당신의 아이에게 말을 건네 보라. 처음에 무슨 말로 시작하는가? "뭘 보고 있니?"일 수도 있고 "저길 봐, 참 멋있지?"일 수도 있다. 다음으로 마음에 대해 말해 보라. 당신이 아이가 행복하길 바란다고, 원하는 것을 할 수 있는 삶이 행복이라고 믿는다고, 하지만 그것이 얼마나 어려운 일인지도 잘 알고 있다고, 그래서 행복하게 살려고 최대한 노력할 계획이라고. 그리고 아이의 마음에 대해서도 물어보라.

"넌 뭘 원하니?"

"넌 어떤 생각을 하니?"

"넌 어떤 계획을 갖고 있니?"

만일 아이가 잘 모르겠다면, 그저 웃으며 "요즘 기분은 어떠니?"라고 물어보자. 지금은 아이의 마음에 관심을 갖고 있다는 것으로 충분하다. 분명히 마음에 대해 말하는 것이 점점 더 쉬워진다.

부록 1

한 단어의 뜻풀이 속에 들어있는 단어를 계속 따라가다 보면, 한 단어가 포함하고 있는 비슷하지만 조금씩 다른 감정을 발견한다. 이런 단어는 감정을 정교하게 표현하는 데 도움이 되므로 익혀 두도록 하자.

기쁘다: 마음에 즐거운 느낌이 있다.
* 즐겁다. (마음에 들어 흐뭇하고 기쁘다)
* 흐뭇하다. (만족스럽고 불만 없이 푸근하다)

화나다: 못마땅하거나 언짢아서 노엽고 답답한 감정이 생기다.
* 못마땅하다. (마음에 들지 않아 불쾌하다)
* 언짢다. (마음에 들지 않아 불쾌하다)
* 노엽다. (화가 날 만큼 섭섭하다)
* 섭섭하다. (기대에 어그러져 불만스럽고 못마땅하다, 애틋하고 아까운 느낌이 있다)

슬프다: 서럽거나 불쌍하여 마음이 괴롭고 아프다.
* 서럽다. (원통하고 슬프다)
* 원통하다. (몹시 억울하여 마음이 아프다)
* 억울하다. (애매하거나 불공정하여 마음이 분하고 답답하다)

불쌍하다: 처지나 형편이 어려워 애처롭다
* 애처롭다. (처한 상황이 처량하여 가엾다)
* 처량하다. (마음이 구슬퍼질 정도로 쓸쓸하다)

무섭다: 위험이나 위협으로 느껴져 불안하다. (어떤 일이) 일어날까봐 우려스럽다.
　　　　　(무엇의 성질이나 기세가) 몹시 사납다.
* 불안하다. (근심이나 걱정되는 데가 있다)
* 근심 (해결되지 않은 일 때문에 속을 태우거나 우울해함)
* 걱정 (어떤 일이 잘못될까 봐 불안해하면 속을 태움)

혐오하다: 어떤 대상을 극도로 싫어하고 미워하다.
* 싫다. (마음에 들지 않거나 하고 싶은 마음이 없다)
* 싫어하다. (싫게 여기어 꺼리다)
* 밉다. (하는 짓이 마음에 들지 않고 싫다)
* 꺼리다. (해로울 것 같아 두려워하거나 싫어하여 피하다)

부끄럽다: 양심에 거리낌이 있어 떳떳하지 못하다. 스스럼을 느끼어 수줍다

* 떳떳하다. (행동이나 생각이 정당하여 굽힐 것이 없어 어엿하고 당당하다)

* 스스럼 (사이가 멀어 느끼는 서먹함)

* 서먹함 (익숙하지 않거나 껄끄러운 데가 있어 어색하다)

* 어색하다. (서먹서먹하고 쑥스럽다)

* 쑥스럽다. (자연스럽지 못하거나 어울리지 않아 멋쩍고 부끄럽다)

* 멋쩍다. (어색하고 거북하다)

* 수줍다. (남 앞에서 부끄러워하고 어려워하는 태도가 있다)

죄책감: 저지른 잘못이나 죄에 대해 책임을 느끼거나 자책하는 마음

수치심: 부끄러움을 느끼는 마음

부럽다: (사람이나 사물이) 자신도 그렇게 되거나, 갖거나 이르고 싶은 마음이 있다.

질투하다: 다른 사람이 자기보다 앞서거나 좋은 위치에 있는 것을 시기하여 미워하며 깎아내리다.

　　　　다른 사람이 자신을 좋아하는 사람을 좋아한다는 이유로 지나치게 시기하다

* 시기하다. (샘내고 미워하다)

* 샘 (자기보다 잘되거나 나은 사람을 괜히 미워하고 싫어함, 자기의 것보다 나은 것을 몹시 부러워하거나 시기하여 지지 않으려고 함)

감정 말 바다에서 보물찾기

감정에 대한 지식이 많을수록, 감정 단어를 많이 알수록 감정 조절을 더 잘한다고 한다. 요즘은 자신의 감정을 이모티콘으로 대신하거나 혹은 초성만으로 표현한다. 'ㅋㅋㅋ'나 'ㅎㅎㅎ'를 문자로 받으면 가끔 궁금하다. 실제로 어떤 표정으로 어떤 소리를 내고 있을까? "크크크", "쿠쿠쿠", "큭큭큭", "킥킥킥", "키키키", "카카칵", "킬킬킬", "하하하", "헤헤헤", "후후후", "히히히", "호호호", 소리에 따라 다른 표정이 보인다. 어린아이도 소리만 듣고 그 소리에 적당한 행동을 찾아낸다. 예를 들면, '살금살금'과 '성큼성큼'을 구분할 수 있다. 사람들이 상대에게 초성만 보내는 것은 당연하게 자신과 똑같은 의미로 읽을 것이라고 가정하기 때문일 것이다. 만일 'ㅋㅋㅋ'를 보고, "이게 무슨 뜻이야? 좋아서 웃는 거야, 웃음을 참는 거야 아니면 비웃는 거야?"라고 물으면 상대는 당황할 것이다. 어쩌면 당연한 것을 제대로 읽지 못했다며 시대에 뒤떨어진 사람 취급을 당할 수도 있다. 심리학개론 수업 중에 학생들에게 아주 강한 분노부터 아주 약한 분노까지를 표현해 보라고 한 적이 있다. 그러자 화가 났다는 말 앞에 '정말', '무지하게', '약간', '조금' 등의 부사를 붙인다. 그리고 정말 심각하게 화가 났을 때는 말을 하지 않거나 목소리를 낮춘다고 대답했다. 평상시에는 이런 방식의 말로도 충분할 수 있다. 하지만 어느 날 자신의 감정이나 생각을 정확하게 나타내는 말을 발견하면 내 이야기를 하는 듯한 노래를 들었을 때와 같은 경험을 하게 된다. '이런 말이 있었구나! 이게 바로 내가 하고 싶은 말이야.'

'눈'을 표현하는 단어가 30개가 넘는다고 알려진 이누이트족은 적어도 30개 이상의 눈을 구분할 수 있다. 색채전문가는 일반인보다 더 많은 색 이름을 알고 색을 더 잘 구분한다. 우리가 감정 단어를 더 많이 알면 더 많은 감정을 구분하고 표현할 수 있을 것이다.

〈기쁨〉 기쁜, 기분 좋은, 행복한, 흐뭇한, 즐거운, 신난, 만족한, 평화로운, 감사한, 평온한, 고요한, 통쾌한, 시원한, 후련한, 황홀한, 짜릿한, 감격한, 눈물겨운, 울고 싶은, 벅찬, 뭉클한, 푸근한, 흡족한, 마음이 놓이는

〈슬픔〉 슬픈, 상심한, 서러운, 울적한, 걱정스러운, 걱정되는, 공허한, 멍한, 낙심한, 절망스러운, 실망스러운, 눈물 나는, 동정하는, 마음이 무거운, 무기력한, 의기소침한, 위축된, 불안한, 쓸쓸한, 애처로운, 우울한, 구슬픈, 측은한, 침울한, 불쌍한, 불행한, 애처로운, 처참한, 참담한, 애석한, 암담한, 서글픈, 허탈한, 처량한, 희망이 없는, 코가 시큰한, 울고 싶은, 목이 메는, 힘없는, 다리가 후들거리는

〈분노〉 화난, 분한, 울화가 치미는, 분개한, 격분한, 성난, 열 받은, 신경질 나는, 짜증나는, 약 오른, 격앙된, 격노한, 머리 뚜껑이 열리는, 욱하는, 울화가 치미는, 억울한, 불만스러운, 서운한, 섭섭한, 괘씸한, 답답한, 속상한, 증오스러운

〈두려움〉 무서운, 두려운, 겁나는, 겁먹은, 굳어버린, 얼어붙은, 긴장된, 초조한, 조바심 나는, 안절부

절못하는, 전전긍긍하는, 안달복달하는, 조급한, 조심스러운, 걱정스러운, 다리가 후들거리는, 떨리는, 불안한, 손에 땀을 쥐게 하는, 등골이 오싹한, 몸서리치는, 소름 끼치는, 발이 얼어붙은, 숨이 막히는, 심장이 멎는 것 같은, 숨을 죽이게 하는, 마음이 복잡한

〈혐오감〉 혐오스러운, 더러운, 구역질나는, 피하고 싶은, 속이 뒤틀리는, 거북한, 역겨운

〈놀람〉 놀란, 아찔한, 황당한, 기막힌, 경악을 금치 못하는, 아찔한, 충격을 받은, 아연실색하는, 어안이 벙벙한, 움찔하는, 충격적인, 하늘이 무너지는, 할 말을 잃은, 심장이 덜컹 내려앉는, 다리가 후들거리는

〈흥미〉 흥미로운, 신기한, 재미있는, 궁금한, 넋이 빠진, 도취한, 매료된, 몰두(몰입)하는, 무아지경인, 열렬한, 열심인, 열중하는, 재미있는, 주의가 쏠린, 집중하는, 현혹된, 호기심 있는, 홀린, 마음이 가는, 마음을 뺏긴, 지루한, 권태로운

〈사회적 감정〉 자랑스러운, 뿌듯한, 부끄러운, 창피한, 수줍은, 겸연쩍은, 곤혹스러운, 난처한, 당혹스러운, 어리둥절한, 멋쩍은, 민망한, 쑥스러운, 수치스러운, 죄스러운, 샘나는, 애타는, 간절한, 못 견디는, 부러운, 안달하는, 질투 나는, 마음이 끌리는, 마음이 쓰이는, 마음이 통하는